# 吃不胖的备孕怀孕营养餐

刘丹　王兴国◎著

化学工业出版社

·北京·

《吃不胖的备孕怀孕营养餐》是专为备孕和孕期女性设计的营养餐，在管理体重和合理搭配的基础上，更关注重点食材和重要营养素如叶酸、铁、钙、DHA、蛋白质等的摄取，符合最新版的备孕和孕期膳食指南。全书菜谱食材常见，口味兼顾南北地域和不同地方菜系特点，简便易操作。

　　随书附赠备孕期和孕期一周食谱示例卡，帮助读者们设计自己的每日餐单。

**图书在版编目（CIP）数据**

吃不胖的备孕怀孕营养餐 / 刘丹，王兴国著. --北京：化学工业出版社，2019.3
ISBN 978-7-122-33873-0

Ⅰ.①吃… Ⅱ.①刘… ②王… Ⅲ.①孕妇-妇幼保健-食谱 Ⅳ.①TS972.164

中国版本图书馆CIP数据核字（2019）第027054号

责任编辑：马冰初　　　　　　　文字编辑：李锦侠
责任校对：杜杏然　　　　　　　装帧设计：北京东至亿美艺术设计有限责任公司

出版发行：化学工业出版社（北京市东城区青年湖南街13号　邮政编码 100011）
印　　装：北京东方宝隆印刷有限公司
710 mm×1000 mm　1/16　印张9　字数280千字　2019年7月北京第1版第1次印刷

购书咨询：010-64518888　　　　售后服务：010-64518899
网　　址：http://www.cip.com.cn
凡购买本书，如有缺损质量问题，本社销售中心负责调换。

定　　价：49.80元

# — 前 言 —

　　从胎儿期至出生后 2 岁的 1000 天，是决定其一生营养与健康、体格与心智状况最关键的时期。这段时间大致可分成胎儿期、新生儿至 6 个月和 7~24 个月 3 个阶段。胎儿期完全依靠孕妇的饮食营养；新生儿至 6 个月纯母乳喂养与乳母饮食营养息息相关；7~24 个月合理添加辅食才能获得全面营养。不仅是孩子，孕育宝宝的妈妈在这 1000 天中也要面对饮食营养挑战，避免可能出现的多种形式的营养不良。

　　国务院办公厅《国民营养计划（2017—2030 年）》要求开展生命早期 1000 天营养健康行动，重视对孕妇、产妇和婴幼儿的饮食营养指导，采用多种手段改善这一群体的营养状况。

　　在如此重要且宝贵的 1000 天里，妈妈和宝宝到底应该怎样吃才能更好地满足身体营养需求，促进身心健康呢？我和几位同行一起总结整理了这一时期饮食营养的要点，开发了示范营养食谱，制作了一些容易操作的营养餐。这套书共计 3 册，分别是《吃不胖的备孕怀孕营养餐》《宝宝辅食添加营养全书》和《奶水足吃不胖的月子营养餐》。

《吃不胖的备孕怀孕营养餐》是专门为备孕和孕期女性设计的营养餐。在管理体重和讲究搭配的基础上，关注重点食材和重要营养素（如叶酸、铁、钙、DHA、蛋白质等），符合最新版的备孕和孕期膳食指南。食谱内容兼顾南北口味和各地菜色特点，制作简单。

这套书编写的初衷是把饮食营养知识与菜肴烹制手法结合起来，对读者手把手地加以指导。本系列图书创作者的专业背景各有侧重，从事的工作也不一样，但对孕产育儿饮食营养的理解是相同的。我们一直深耕这一领域，做了大量科普工作，积累了很多经验，也先后出版了一些相关书籍。希望这套图书的出版能将营养学知识落实到一餐一饭中，帮助读者解决现实中的营养问题。

王兴国

2019 年 1 月 3 日于大连

吃不胖的备孕怀孕营养餐

# CONTENTS
## 目 录

## PART 3 备孕期营养食谱推荐

### NO.1
### 主食类

### NO.2
### 鱼虾肉蛋和大豆制品类

## NO.3
### 蔬菜类

## NO.4
### 其他类

# PART 4 孕期营养饮食方案

# PART 5　孕期营养食谱推荐

## NO.1 主食类

## NO.2 鱼虾肉蛋和大豆制品类

## NO.3 蔬菜类

## NO.4 其他类

你可能知道优生优育，但你可能不知道优孕，不知道备孕是优孕、优生、优育的重要前提。备孕不是等着怀孕，而是有计划地怀孕，并对优孕进行必要的前期准备。这些准备有助于妊娠成功、预防不良妊娠结局、提高生育质量等，所以夫妻双方都应做好充分的孕前准备。

* * * *

吃 不 胖 的 备 孕 怀 孕 营 养 餐

# PART 1

## 营养计划从备孕开始

健康与营养状况尽可能达到最佳后再怀孕

- 调整孕前体重至适宜水平
- 禁烟酒，保持健康的生活方式
- 孕前体检很重要

# 健康与营养状况尽可能达到最佳后再怀孕

　　健康的身体、合理的膳食和均衡的营养是孕育新生命必需的物质基础。已有充分证据表明，备孕妇女的营养状况直接关系到胎儿和宝宝出生后的生命质量，对孕妇自己和下一代的健康都有长期影响。一个孩子的体格发育、智力发育和一生健康，不但与孕期有关，还可以追溯到备孕期。目前，科学的看法是育龄妇女（其实还包括其丈夫）应使健康与营养状况尽可能达到最佳后再怀孕。这意味着备孕妇女要坚持健康的生活方式、合理膳食和进行健康体检。

 ## 调整孕前体重至适宜水平

　　适宜体重是健康生活方式与合理饮食的结果。很多人不重视体重管理，认识不到孕前体重对下一代的巨大影响。太胖或太瘦都会增加不良妊娠结局（如流产、难产、出生低体重、出生缺陷等）的风险。孕前超重和肥胖的孕妇更容易患妊娠期高血压疾病和糖尿病，分娩巨大儿或必须进行剖宫产，而且肥胖程度越严重，出现这些问题的风险越高。孕前超重和肥胖还与下一代成年后肥胖及代谢综合征的发生相关。孕前消瘦的孕妇容易让胎儿生长受限（低出生体重或早产），而胎儿生长受限又与成年期的心血管疾病、糖尿病等慢性病有关。因此，备孕的第一个任务就是要让体重适宜。

适宜体重是指体质指数（BMI）在 18.5~23.9 之间。

BMI 的计算公式为：BMI= 体重（千克）÷ 身高（米）÷ 身高（米）。

BMI < 18.5 为消瘦；BMI ≥ 24 为超重；BMI ≥ 28 为肥胖。

这里的体重是指怀孕前的体重，称量体重最好选用精密度较好的电子体重秤，必须在早晨空腹、排便之后进行，只能穿很少的内衣或裸体。

超重或肥胖的女性要控制饮食，增加运动量。控制饮食不是盲目节食，而是有意识地减少摄入高能量食物，同时保证高营养食物的摄入。高能量食物主要包括主食（如馒头、米饭、面包、米粉、面条等）、油炸食品、油腻菜肴、加油零食（如方便面、饼干、糕点等）、饮料和甜点等。高营养食物则指非油炸的鱼虾、瘦肉、禽肉、鸡蛋、大豆制品、蔬菜、水果和牛奶（尤其是脱脂牛奶）。

增加运动量是指每天运动 60~90 分钟，中等强度（有出汗，呼吸和心跳加快），或者每天主动运动 10000~15000 步，同时还要进行抗阻肌肉力量锻炼，如举哑铃、举重、仰卧起坐、俯卧撑、平板支撑等，隔日进行，每次 10~20 分钟。

注意，备孕期间减肥不建议采用低碳水化合物高蛋白饮食或断食疗法，这些"极端"的减肥方法虽然见效快，但难免会降低身体营养水平，对孕育不利。

另外，孕前消瘦者要努力增加体重，一日三餐之外要有 1~2 次的加餐，如增加牛奶 250 毫升，面包或其他主食类 50~100 克，鸡蛋 1 个或畜类和鱼虾 50~100 克。如果感觉胃肠道吃不消，就减少蔬菜和水果的摄入量。

 ## 禁烟酒，保持健康的生活方式

在准备怀孕前 6 个月夫妻双方均应停止吸烟、饮酒，并远离吸烟环境（二手烟）。研究表明，怀孕前夫妻双方或一方经常吸烟可增加下一代发生畸形的风险。每天吸烟 10 支以上者，其子女发生先天性畸形的概率增加 2.1%；男性每天吸烟 30 支以上者，畸形精子的比例超过 20%，且吸烟时间愈长，畸形精子愈多，停止吸烟半年后，精子方可恢复正常。

酒精可导致内分泌紊乱，造成精子或卵子畸形，受孕时形成异常受精卵；影响受精卵顺利着床和胚胎发育，导致流产。酒精可造成胎儿宫内发育不良、中枢神经系统发育异常、智力低下等。

除戒烟酒之外，夫妻双方还要保持良好的卫生习惯，避免出现感染、炎症及接触有毒有害物质。要规律作息，避免熬夜和过度劳累，保证充足睡眠，保持愉悦心情，准备孕育新生命。

运动可以避免超重和肥胖，保持健康体重；增强心肺功能，改善血液循环与呼吸及消化系统的功能，提高抗病能力，增强身体的适应能力；调节人体紧张情绪，改善生理和心理状态，有助于睡眠。少动久坐的生活方式，可因能量消耗减少而使体内脂肪堆积，导致超重和肥胖，还可诱发颈椎病、腰椎病，同时还是心血管疾病、糖尿病等慢性病的危险因素。少动久坐的生活方式容易导致孕期增重过多，增加不良妊娠结局的风险。备孕妇女应坚持每天至少有 30 分钟中等强度的运动，改变少动久坐的不良习惯，为受孕和妊娠的成功奠定基础。

## 孕前体检很重要

　　健康状况是否达到最佳必须通过健康体检才能知道，夫妻双方均应进行健康体检，及时发现可能存在的疾病或营养缺乏，一旦发现疾病要积极治疗，避免带病怀孕。

　　孕前健康体检要特别重视牙周病以及血红蛋白、血浆叶酸和尿碘等反映营养状况的检测。患有牙周炎的母亲更容易分娩早产儿和低体重儿，牙菌斑中的致病菌及其代谢物会侵入胎盘。准备怀孕的育龄妇女应坚持每天早晚2次有效刷牙和餐后漱口，及时清除牙菌斑，并应定期检查与治疗牙周病，以预防早产低体重儿的发生。

　　血红蛋白是评价是否贫血的关键指标，通过血常规可以检测。血浆叶酸和尿碘检测则反映了备孕女性是否缺乏叶酸和碘。铁、叶酸和碘缺乏都会导致严重后果，应该在日常饮食中加以补充。

根据中国营养学会《中国居民膳食指南（2016）》中的建议，备孕妇女要常吃富含铁的食物，选用碘盐，从孕前 3 个月开始补充叶酸。铁、碘、叶酸以及维生素 C 的足量摄取是备孕女性饮食的重中之重，这几种营养素主要来自红肉、动物肝脏、动物血、加碘盐、海产品、绿叶蔬菜和新鲜水果等。

# PART 2

## 备孕期的重点营养素和饮食搭配

- 铁
- 叶酸
- 碘
- 多样化平衡饮食

 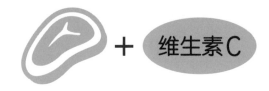

铁缺乏会导致贫血，即缺铁性贫血，这是最常见的贫血。怀孕前如果缺铁，可导致早产、胎儿生长受限、新生儿低出生体重以及妊娠期缺铁性贫血。不幸的是，育龄女性恰好是铁缺乏和缺铁性贫血患病率较高的人群。育龄妇女因生育和月经失血，体内铁储备往往不足。孕妇贫血不仅影响胎儿早期血红蛋白合成，引起贫血，而且影响含铁酶（血红素）的合成，并影响脑内多巴胺 D2 受体的产生，对胎儿及新生儿智力和行为发育产生不可逆的影响。"不可逆"的意思是以后无法补救，就算贫血以后治好了，这些之前的问题也仍然存在。因此，备孕必须重视补铁，铁缺乏或缺铁性贫血患者应纠正贫血后再怀孕，没有诊断贫血的也要增加铁储备。

备孕期的补铁措施主要有两个：一是经常摄入"铁三角"，即动物肝脏、血液和瘦肉等含铁丰富、利用率高的动物性食物，每天应该有瘦畜肉 50~100 克，每周 1 次动物血或畜禽肝肾 25~50 克；二是同时（注意这个词，非常重要）摄入含维生素 C 较多的蔬菜和水果，如青椒、油菜、芹菜、菜花、柑橘、猕猴桃、草莓、鲜枣等，可提高膳食铁的吸收与利用率。此外，一旦孕前检查发现缺铁性贫血，即血常规血红蛋白降低，则应服用铁剂（补铁药物）治疗。

## 叶酸

叶酸是一种 B 族维生素，叶酸缺乏可影响胚胎细胞增殖、分化，增加神经管畸形（一种常见的出生缺陷）及流产的风险，所以《中国居民膳食指南（2016）》建议，备孕妇女应从准备怀孕前 3 个月开始每天补充400 微克叶酸，并持续整个孕期。

要特别强调的是，人工合成的叶酸比天然食物中所含的叶酸更有效。因为天然食物中的叶酸结构复杂，吸收率低（生物利用率约为 50%），烹调损失大（损失率可达 50%~90%），所以不如人工合成的叶酸补充剂，后者结构简单，吸收利用率高（空腹服用的生物利用率为 100%，与膳食混合后的生物利用率为 85%），因此，备孕妇女应每天补充 400 微克人工合成的叶酸。

此外，胚胎神经管分化发生在受精后 2~4 周，即 4~6 孕周，而妇女意识到自己怀孕通常是在第 5孕周以后或者更晚，如果此时才开始补充叶酸预防胎儿神经管畸形，无疑为时已晚，所以要提前（在备孕期）补充叶酸。开

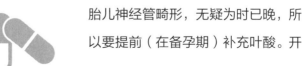

始补充叶酸后，还需要 4 周才能得到改善，需要持续补充 12 周才能达到稳定状态。因此，必须从准备怀孕前 3 个月开始每天补充 400 微克叶酸（补充剂）。目前市面上的叶酸补充剂很多，只要剂量是每天 400 微克即可。

我国育龄妇女体内叶酸水平较低，红细胞叶酸缺乏率北方妇女约 54.9%、南方妇女约 7.8%。全国神经管畸形平均发病率为 2.74‰（北方约 7‰、南方约 1.5‰），每年有（8~10）万名神经管畸形儿出生。现在有充分证据表明，备孕期及孕早期补充叶酸可以预防 80% 的神经管畸形儿出生。在我国，给计划怀孕的妇女和孕妇每天补充 400 微克叶酸（补充剂），已成为重要的营养干预政策。

**碘**

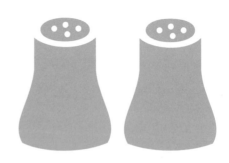

碘是合成甲状腺激素不可缺少的微量元素，没有碘就没有甲状腺激素。碘缺乏引起甲状腺激素合成减少，甲状腺功能减退（甲减），进而影响新陈代谢及蛋白质合成，并对宝宝的智力发育造成不可逆的损伤。世界卫生组织（WHO）估计缺碘会造成儿童智力损失 5~20 个智商（IQ）评分。

备孕女性每天应摄入 120 微克碘，碘的主要来源是碘盐和富含碘的食

物。我国现行加碘盐标准是每克食盐加 25 微克碘，碘在烹调中的损失率估计为 20%，按每人每天摄入 6 克食盐（《中国居民膳食指南（2016）》推荐值）计算，可摄入碘约 120 微克，基本达标。保险起见，建议备孕妇女除食用加碘盐外，每周再摄入 1 次富含碘的食物，如海带、紫菜、贻贝（淡菜），以增加一定量的碘储备，虽然有可能超过 120 微克，但也在安全范围之内。

 ## 多样化平衡饮食

除铁、叶酸和碘之外，蛋白质、脂肪、维生素 A、维生素 B、维生素 C、维生素 D、钙、镁、锌、硒等营养素也非常重要。实际上，备孕期间营养素摄入既要抓住重点，又要全面均衡。为此，备孕女性应坚持多样化平衡饮食。

多样化饮食应该包括谷薯类（特别是粗杂粮）、蔬菜（特别是深色蔬菜）、水果类、畜禽肉蛋类、奶类、大豆坚果类、食用油等食物。具体来说，平均每天摄取 12 种以上

食物，每周 25 种以上（不包括油盐等调味品）。其中，谷类、薯类、杂豆类每天至少 3 种（每周 5 种）；蔬菜、水果每天至少 4 种（每周 10 种），奶、大豆和坚果每天至少 2 种（每周 5 种）。

　　不过，如果只是食物种类多，那还不能算平衡饮食。平衡饮食还要求各类食物摄入量大致合理，大多数轻体力女性（1800 千卡）平均每天进食量包括谷类 225 克（其中 1/3 为粗粮）、薯类 50~100 克、蔬菜 400 克（其中 1/2 为深色蔬菜）、水果 200 克、鱼类和虾合计 100 克、鸡蛋 1 个、牛奶或酸奶 300 克、大豆和坚果 25 克、烹调油 25 克。当然，这些食物量并不适合所有备孕女性，体力活动较多的女性可增加一些食物，体力活动较少的女性则要减少一些。无论如何，体重在适宜范围内是最关键的。

备孕期间的每一次正餐都要有主食类（谷薯类）、鱼虾肉蛋和大豆制品类、蔬菜类及其他类（奶及其制品尤为重要）。同时要少油、少盐、少糖。根据这一原则，本章分门别类地提供了多个菜单食谱，在实践中可以搭配选用。

吃不胖的备孕怀孕营养餐

# PART 3

## 备孕期营养食谱推荐

**NO.1**
主食类

**NO.2**
鱼虾肉蛋和大豆制品类

**NO.3**
蔬菜类

**NO.4**
其他类

PART 3

备·孕·期
营养食谱推荐

NO.1

主食类

# 南瓜百合小米粥

 **原料调料**

小米 30 克、南瓜 30 克、百合 5 克。

 **烹调方法**

1. 南瓜和百合洗净，都切小丁。

2. 小米洗净，热水下入小米。

3. 熬制 10 分钟后加入南瓜、百合。一起熬至黏稠即可。

 **营养说明**

无论原来食谱如何，从备孕开始就要有意识地尝试粗粮主食了。把白米粥换成小米粥是增加粗粮摄入量的好办法。小米粥中再加入南瓜、百合等蔬菜，口感好，营养更全面。

# 五谷米糊

 **原料调料**

黑豆 15 克、黑芝麻 5 克、黑米 10 克、大米 10 克、糙米 10 克。

 **烹调方法**

1. 黑米、大米、糙米浸泡 3~4 小时，黑豆浸泡 8 小时。

2. 把黑芝麻、黑豆、黑米、大米、糙米和水放进豆浆机。

3. 按下米糊按键，大约 20 分钟后，既营养又香喷喷的米糊就出锅了。

可以根据个人喜好加入白糖，不加也可以。

**营养说明**

用豆浆机制作米糊是非常方便的，一碗米糊可以包括多种食材，特别是包括杂粮、杂豆等多种粗粮。有些很少吃粗粮的人担心粗粮不好消化，那么吃这种粗粮制作的米糊就无需担心了。米糊很容易被消化吸收，还能促进食欲。做好米糊后不过滤，不加糖，口感可能差一点（有点渣，不甜），但营养价值更高。

# 三色云吞

 **原料调料**

面粉 100 克（分成 3 份）、菠菜 50 克、南瓜 50 克、紫薯 50 克、瘦猪肉 50 克、小白菜 100 克、香菇 30 克、料酒 1 勺、酱油 1 勺、蚝油少许、香油少许、亚麻籽油少许、盐适量、葱末适量。

 **烹调方法**

1. 新鲜菠菜洗净，焯水，切碎，用纱布包裹住菠菜碎，用力挤出菠菜汁。
2. 菠菜汁直接加入面粉中一起和面团，得到绿色面团。紫薯蒸熟，压成泥状，与面粉一起和好，得到紫色面团。南瓜蒸熟，压成泥状，与面粉一起和好，得到黄色面团。
3. 三个面团均盖上湿毛巾醒 20 分钟，再把面团继续多揉一会儿，揉至面团均匀、光滑细腻、有韧性。
4. 香菇泡软，剁碎。小白菜焯水，然后用凉水过一下，挤干水分后剁碎。
5. 瘦猪肉剁成馅，加入酱油、料酒、蚝油、盐搅拌均匀，然后分几次加适量泡香菇的水，按同一个方向搅拌均匀，点香油提香。
6. 放入香菇碎、小白菜碎和葱末，加适量盐和亚麻籽油，全部搅拌均匀。
7. 面团和馅全部准备好后，包成馄饨，煮熟。

 **营养说明**

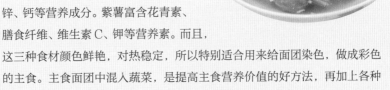

菠菜含有胡萝卜素、维生素 C、膳食纤维，以及多种矿物质。南瓜含有蛋白质、胡萝卜素、维生素、锌、钙等营养成分。紫薯富含花青素、膳食纤维、维生素 C、钾等营养素。而且，这三种食材颜色鲜艳，对热稳定，所以特别适合用来给面团染色，做成彩色的主食。主食面团中混入蔬菜，是提高主食营养价值的好方法，再加上各种馅料，制成云吞、水饺、包子等馅食，可谓一样食物多样营养。

# 椰蓉面包

## 原料调料

高筋面粉 200 克、水 118 克、蛋液 24 克、酵母粉 3 克、黄油 351 克、盐 3 克、椰蓉 60 克、糖粉 25 克、牛奶 25 克。

## 烹调方法

1. 黄油 226 克软化打发，加入糖粉，分 2 次加入一半蛋液拌匀，慢慢加入牛奶拌匀，再加入椰蓉拌匀，制成椰蓉馅。

2. 将高筋面粉与酵母粉、盐一起加水和好，揉至面团光滑，加入剩下的 125 克黄油继续揉一段时间，放入容器里盖上保鲜膜，室温发酵至 2 倍大，做成发酵面包坯。

3. 发酵好后取出排气，分割成数个（大约 55 克一个），静置醒发 15 分钟。

4. 取一个面团擀成椭圆形，放入椰蓉馅对折，再次擀成椭圆条状，用刀子在中间划 2 刀露出椰蓉馅。

5. 双手抓住两边对扭后向下整理好，放入烤盘，继续发酵至体积增大 1 倍（放在温暖湿润的环境中），面团刷上剩下的蛋液，烤箱预热至 175℃，中层烤制 25 分钟（烤制 18 分钟时可以用锡纸铺在表面，以防面包表面颜色过深）。

## 营养说明

用面包机做面包已经被很多家庭接受，方便快捷是它明显的优势。像豆浆机一样，面包机也常常是多功能的，不但能制作面包，还能制作蛋糕、酸奶等。在孕期或者备孕期间，如果能够自己制作一些烘焙食品，可以根据自己的需要，少放油盐，其实更有益于健康。

# 杂粮饭

**原料调料**

大米 50 克、燕麦米 30 克、红米 20 克。

**烹调方法**

1. 把所有食材洗净后浸泡 10 分钟。

2. 将食材放入电饭锅内，加入适量水，煮熟。

**营养说明**

备孕期最推荐
的主食就是各种
粗杂粮的米饭，一方
面可以增加营养物质的摄入，
另一方面有利于孕期体重的控制。

PART 3

备·孕·期
营养食谱推荐

NO.2

鱼虾肉蛋
和大豆制品类

# 西红柿牛腩煲黄豆

 **原料调料**

西红柿 3 个、牛腩 500 克、黄豆 30 克、姜 4 片、葱适量、山楂 3 个、番茄酱 1 大勺、料酒 1 勺、老抽 1 勺、盐适量、玉米油 15 克。

 **烹调方法**

1. 黄豆提前用水泡好。西红柿去皮切块。
2. 牛腩切成块状，冷水下锅，大火烧开汆烫去除杂质和血沫，捞出备用。
3. 热锅下油，放入葱、姜爆香，倒入汆烫好沥干水的牛腩，倒入老抽上色。
4. 加入黄豆继续翻炒，倒入西红柿块和山楂，翻炒后倒入料酒。
5. 将锅里翻炒好的各种食材盛到砂锅里，小火慢炖，炖到西红柿出汁后加入少许盐和番茄酱。
6. 继续小火慢炖，至汤汁变稠、牛腩软烂即可关火。关火后不要开锅盖，再闷一会儿。

 **营养说明**

西红柿去皮，这样煮出的牛腩汤会更细腻。把洗好的西红柿用很热的水烫一下，皮就容易扒掉了。山楂让牛腩更容易炖熟，因为山楂含有酶类，可以让肉质更快变烂。若不用山楂，倒入少许醋也有效果。这道菜不用加水，用西红柿自身的汤汁慢炖即可，所以西红柿要稍多些才行。

# 菠菜猪肝汤

## 原料调料

菠菜50克、猪肝50克、生姜2片、
盐适量、鸡精少许、料酒1小勺、生粉1勺、
生抽3克、枸杞适量。

## 烹调方法

1. 先处理猪肝，用流水把猪肝里面的血水冲洗干净后切片，加入1大
勺生粉（拍粉）、1/4小勺盐、1小勺料酒、几滴生抽拌匀腌制备用。

2. 再把菠菜焯水，汤锅内加入半锅水烧开，放入菠菜，1分钟后捞出沥干。

3. 锅内重新加水和姜片烧开，放入菠菜，烧开后放入拌好的猪肝，用
筷子快速搅散。

4. 此时一定要注意火候，大火让猪肝快速变色变熟，但又不能让猪肝
变老，边搅拌边观察，待猪肝完全变色（再也看不到血色）立即关火，
加盐和鸡精后出锅。也可以加入几颗枸杞点缀。

## 营养说明

猪肝对备孕、怀孕和哺乳期的女性而言是很重要的食材，因为其富含孕产妇
需要补充的叶酸、铁、蛋白质和各种维生素。其中铁含量丰富，吸收率很高，
是补铁补血的佳选。不过，可能很多人不知道，吃卤猪肝的补铁效果远不及
吃新鲜猪肝(直接用新鲜猪肝做汤做菜)。每100克新鲜猪肝含铁22.6毫克，
而100克煮卤猪肝含铁仅为2.0毫克，可见在煮卤过程中，猪肝中的铁大
部分都随汤汁流失了。因此，补铁补血时建议买新鲜猪肝直接做汤做菜，猪
肝拍粉、连汤食用可减少营养流失。

菠菜营养价值较高，含有丰富的叶酸，也含有铁，但铁的吸收率很低，因为
它同时含有草酸，草酸会抑制铁和钙的吸收。焯水后可去除大部分草酸，所
以吃菠菜一定要先焯水。

# 肉末蒸蛋

 **原料调料**

鸡蛋 2 个、肉末 20 克、葱花少许、盐适量、温水适量、油 5 克。

 **烹调方法**

1. 肉末加一点盐和葱花搅拌腌制一会儿，不粘锅中放入油，将肉末炒熟备用。

2. 鸡蛋打入碗中，加入少许盐打散成蛋液，再加入相当于蛋液体积 2 倍的温水，打蛋器竖直搅打后蛋液过细筛（去除泡沫），静置片刻（盖上保鲜膜，用牙签戳几个小洞）。

3. 冷水入锅，大火将水烧开后，将蛋液小火蒸 8~12 分钟，关火后稍闷一会儿取出。

4. 蛋羹蒸好后将肉末摆放在蛋羹上即可。

 **营养说明**

蒸蛋、肉末都是容易消化吸收的食物，尤其是肉末，比肉片或肉块铁的吸收率更高，所以从补铁补血的角度来说，一般建议吃肉末、肉馅或肉丸等。把肉末与鸡蛋一起蒸熟，保留肉末中所有的营养物质，是非常值得推荐的吃肉方法。蛋液入锅蒸之前盖上保鲜膜，可以让蒸蛋表面光滑细嫩，没有气泡堆积。

# 肉末蒸茄子

**原料调料**

猪瘦肉 50 克、茄子 1 根、洋葱 30 克、青椒丁 10 克、红彩椒丁 10 克、料酒 1 勺、蚝油 1 勺、盐适量、水淀粉少许、橄榄油 10 克。

**烹调方法**

1. 猪瘦肉剁成肉末，放入碗中，加入切细的洋葱碎、料酒、蚝油和少许盐，淋入水淀粉拌匀，最后加入橄榄油拌匀，腌制 10~20 分钟，加青椒丁、红彩椒丁拌匀，制成肉馅。

2. 茄子洗净去蒂，切成段改十字花刀，放入蒸碗里，铺上一层肉馅。

3. 蒸锅大火烧开，放入蒸碗，蒸 10 分钟即可。

4. 如果茄子水分大，建议不要蒸，而是用微波炉热熟。

**营养说明**

肉末补铁补血，一方面是因为它本身含铁多，吸收好；另一方面是因为它可以促进其他食物，如茄子等蔬菜中铁的吸收，正是孕期或者备孕期间所需要的营养物质。

# 油面筋塞肉

 **原料调料**

猪肉馅 200 克、油面筋 13 个、鸡蛋 1 个、马蹄 50 克、葱 2 棵、姜 3 片、蒜 2 瓣、蚝油 1 勺、淀粉 1 勺、老抽少许、生抽适量、糖适量、水淀粉适量、油适量。

 **烹调方法**

1. 马蹄切碎，1 棵葱切段，1 棵葱切末，姜切末，蒜切蓉。将猪肉馅、鸡蛋、马蹄碎、葱末、姜末、蒜蓉、适量蚝油、淀粉放入盆中，朝一个方向搅拌上劲。

2. 将油面筋戳一个小孔，轻轻地把面筋里面用手指转一圈，压实一些形成一个壳。

3. 将搅拌好的肉馅填入开了一个小口的油面筋里。

4. 热锅放入适量油，放入适量葱段煸香，放入填好的面筋，倒入适量清水（大约没过面筋的 2/3）。

5. 中火烧 15~20 分钟，中途加入适量糖、生抽、老抽。

6. 转大火，加入适量水淀粉勾芡，收汤汁即可。

 **营养说明**

面筋中含有植物性蛋白质，是一种高蛋白的食材，与肉类一起食用还可以发挥蛋白质互补的作用，提高这道菜品整体的营养价值。对于素食孕妇，可以增加一部分面筋制品的摄入。

# 芋仔焖鸭

**原料调料**

谷鸭100克、芋头仔100克、姜2片、红彩椒1个、香菇3朵、油菜2棵、生抽1勺、红酒1勺、糖适量、腐乳1块、老抽少许、胡椒粉少许、清水适量、玉米油1勺。

**烹调方法**

1. 鸭子洗净，切成小块，用腐乳、糖、红酒、生抽、老抽和胡椒粉腌15分钟左右。

2. 芋头仔刨皮洗净。红彩椒切块，油菜切段，香菇切半。

3. 热锅凉油，放入姜片爆锅，倒入腌好的鸭肉翻炒，煸炒出香味再放入芋头仔。

4. 加适量清水（盖过芋头仔），加香菇焖煮至收汁，出锅前加红彩椒和油菜再焖一小会儿。

**营养说明**

鸭肉的营养价值与鸡肉相仿，整体营养价值高于猪、牛、羊等畜肉。鸭肉总脂肪酸含量为18.5%，其中，饱和脂肪酸、单不饱和脂肪酸和多不饱和脂肪酸含量分别为5.6%、9.3%和3.6%，以单不饱和脂肪酸比例最高。

# 小炒羊肉

 **原料调料**

羊肉 250 克、洋葱 50 克、红彩椒 1 个、姜适量、蒜适量、盐适量、
料酒 1 勺、淀粉少许、老抽 1 勺、大豆油 10 克、鸡精少许、胡椒粉少许。

 **烹调方法**

1. 将洋葱、红彩椒切成条，姜、蒜切末。

2. 羊肉切薄片，用盐、料酒和淀粉抓匀。

3. 锅烧热放入油，倒入羊肉片炒变色，加少许老抽，盛出。

4. 锅再倒入油，倒入姜末、蒜末爆香。加入切好的洋葱条、红彩椒条翻炒，
   加盐和胡椒粉，炒匀。

5. 把炒好的羊肉片再次放入锅中一同翻匀，放入鸡精调味，盛出即可。

 **营养说明**

羊肉的营养价值与牛肉接近，比猪肉高，也是一种补铁补血的红肉食材。羊
肉可炒、烤、炖、涮锅，不过，烤制不是我们推荐的烹调方式，因为烤肉容
易产生致癌物质，不适合孕妇和备孕女性食用。

鱼虾肉蛋
和大豆制品类 NO.2

# 荷叶蒸排骨

 **原料调料**

猪小排 100 克、折荷叶 1 片、蒸肉粉 50 克、盐适量、酱油 1 勺、甜面酱 5 克、白砂糖适量、料酒 1 勺、花生油适量。

 **烹调方法**

1. 猪小排剁成小段，用盐、酱油、料酒拌匀腌制。
2. 折荷叶除去硬梗，用沸水烫软备用。
3. 将蒸肉粉、甜面酱、白砂糖、花生油混合拌匀，再与排骨混合均匀。
4. 用折荷叶包好排骨，置于盘中，入笼用大火蒸 2.5 小时。

 **营养说明**

排骨最好选用肋排，即猪小排，铺起来整齐，也容易蒸烂。排骨属于高蛋白、高脂肪食物，蛋白质含量为 16.7%，脂肪含量为 23.1%，但铁含量不及猪瘦肉。正因为脂肪含量很高，烹调猪小排时不用放油，充分利用排骨固有的脂肪，即可喷香可口。不过，排骨要少吃，以避免摄入太多的脂肪。

# 蚝油山药鸡翅

**原料调料**

山药 50 克、胡萝卜 50 克、鸡翅 100 克、蚝油 1 勺、大豆油 10 克、
热水适量、姜 1 块。

**烹调方法**

1. 鸡翅冲洗干净，正反各划两刀；姜切片；山药、胡萝卜切滚刀块。
2. 锅中放入少许底油，下入姜片炒香。放入鸡翅煎至两面变色。
3. 倒入蚝油，加适量热水（淹没鸡翅即可）。
4. 加入山药块、胡萝卜块中火烧开后转小火烧 12 分钟。
5. 打开锅盖大火收汁，出锅装盘。

**营养说明**

鸡翅本身含脂
肪较多，所以
爆锅底油要少
放。山药、胡萝
卜也可以换成莲藕、
土豆等，烹调方法不变。

蚝油是用蚝（牡蛎）熬制而成的
调味料，呈稀糊状，红褐色至棕褐色，一般在超市里多与酱油等调味品一起
摆放，多有咸味，适合拌面、拌菜、煮肉、炖鱼、做汤等。

# 青椒爆鸡心

### 原料调料

鸡心200克、青椒1个、红彩椒1个、黑木耳5朵、葱1根、姜1块、蒜1瓣、大豆油10克、盐适量、料酒1勺、酱油0.5勺。

### 烹调方法

1. 青椒、红彩椒洗净切成菱形片；黑木耳泡好，撕成小朵。

2. 鸡心开半洗净，焯水（把油膜处理干净）。

3. 葱、姜、蒜改刀，在油锅中爆香，依次放入处理好的食材，烹入料酒、酱油、盐调味，大火爆炒1~2分钟即可。

### 营养说明

鸡心含有丰富的蛋白质、铁和维生素A。每100克鸡心含蛋白质15.9克、铁4.7毫克、维生素A910微克，而且蛋白质质量较高，铁吸收率较高。其他营养成分，如钙、磷、钾、镁等含量也不低，所以具有很好的营养价值，是孕期美食的好选择。

# 花菇大骨鸡汤

鱼虾肉蛋
NO.2 和大豆制品类

## 原料调料

大骨鸡（或其他鸡种）500 克、花菇（香菇）8 朵、山药 100 克、干贝 10 克、姜 4 片、大葱 1 段、盐适量。

## 烹调方法

1. 花菇（香菇）提前泡发洗净，斜刀切片；山药去皮洗净，斜刀切块；干贝洗净沥干备用。

2. 大骨鸡洗净切块，锅里水烧开，倒入切好的鸡块，去掉血腥味，鸡块捞出沥干。

3. 砂锅中注水烧开，倒入鸡块，放入葱段和姜片煮开。

4. 倒入干贝、花菇大火煮开，改小火煲 1.5 小时左右。

5. 倒入山药，大火煲 10 分钟左右，调入适量盐即可。（倒入山药时，顺便捞出煮烂的葱段，以免影响汤汁口感。）

## 营养说明

大骨鸡是大连地区的特色鸡种，肉多且肉质鲜嫩，皮下脂肪分布均匀，特别适合煲汤。其他地区可选用当地特色鸡种，或者用普通肉鸡亦可。

山药是一种薯类，营养丰富。新鲜山药质地松软，久煮易化、易碎，所以不能太早加入，翻动时也要小心，以免碎掉。

# 慢煎三文鱼

## 原料调料

三文鱼块 200 克、柠檬 1 个、大豆油 5 克、素烧汁 15 克、西蓝花少量、胡萝卜少量。

## 烹调方法

1. 柠檬切片。三文鱼块洗净，用盐、柠檬片腌制 20 分钟左右。

2. 将三文鱼块表面水分擦干，备用。（平底煎锅）热锅下油，油热后调成小火，放入三文鱼块煎制，煎好一面后翻过来煎另外一面。

3. 两面煎至金黄色即可出锅，出锅后淋上素烧汁。

4. 吃的时候将柠檬汁挤到鱼肉上。

5. 摆盘时搭配一点水煮的西蓝花、胡萝卜效果更好，也更健康。

## 营养说明

三文鱼价格较高，口感好，鳞小刺少，肉色橙红，肉质细嫩鲜美。作为主要的"富脂鱼"（富含脂肪的鱼类）之一，三文鱼脂肪含量约为 8%，含有较多 DHA 等 ω-3 脂肪酸，有益于胎儿大脑及视力发育。三文鱼最知名的吃法是作为生鱼片和做成寿司生吃，但采用煎、炖、烤等方式烹制同样美味，且更为安全。煎三文鱼时一定要小火慢煎，油不要太热，煎的时间稍长，让肉质缓慢成熟，散发脂肪香气。

# 海蛎煎

 **原料调料**

海蛎子（牡蛎）100克、鸡蛋1个、（红薯）淀粉30克、大豆油10克、枸杞适量、法香适量、细盐适量。

 **烹调方法**

1. 鸡蛋加细盐打散，加入适量淀粉打匀至无颗粒（可以过细筛去除小面团颗粒），再加入洗好的海蛎子，拌匀静置3分钟。
2. 热锅下油，将拌好的海蛎糊倒入锅中，小火煎至双面金黄即可。
3. 最后放上枸杞、法香点缀。

 **营养说明**

牡蛎是唯一能够生吃的贝类，鲜牡蛎肉青白色，质地柔软细嫩，肥美爽滑，营养丰富。新鲜的牡蛎开壳以后洒上适量柠檬汁即可食用，但孕期、备孕期不建议生吃，可以将牡蛎煎制食用。

# 红烧带鱼

## 原料调料

带鱼200克、葱1段、姜3片、盐适量、料酒1勺、酱油1勺、白糖适量、醋适量、干淀粉1勺、大豆油10克。

## 烹调方法

1. 带鱼洗干净后斩成约5厘米长的鱼段，用盐、料酒腌渍10分钟左右。
2. 取干净的小碗，倒入适量料酒、酱油、白糖和醋搅匀，做成糖醋汁备用。
3. 把带鱼段蘸匀干淀粉。热锅下油，油热后码入带鱼段，小火煎制。
4. 煎好一面，轻轻地翻面，煎制另一面至微黄即可。
5. 把带鱼段拨到一边（不必出锅），另一边放入葱段、姜片炒香。
6. 倒入调好的糖醋汁（淹没带鱼段），小火炖制10分钟即可。

## 营养说明

带鱼又叫刀鱼，体形正如其名，侧扁如带，呈银灰色。选带鱼时看外观，银光闪亮、肚子未破、腮鲜红者比较新鲜。带鱼肉嫩体肥，味道鲜美，食用方便，营养丰富。带鱼含17.7%的蛋白质和4.9%的脂肪，属于高蛋白低脂肪鱼类。鱼类是孕期、备孕期的首选肉类。

# 龙井虾仁

 原料调料

鲜虾 200 克、葱 1 段、姜 2 片、龙井茶叶 2 克、黄酒 1 勺、盐适量。

 烹调方法

1. 鲜虾剥去虾壳，挑出虾线（在虾背第二个关节处，用牙签挑出，动作要轻，保证虾仁的完整性），用清水反复洗至虾仁雪白，滤干水待用。

2. 将葱、姜拍破，放入黄酒中浸泡。龙井茶叶用 85~90℃的水泡开约 1 分钟。

3. 锅中倒入虾仁，迅速将一些泡过的茶叶和茶汁倒入，烹入泡过葱姜的黄酒，加少许盐一起煮制即可。

 营养说明

虾是典型的高蛋白、低脂肪水产品，海虾含蛋白质 16.8%、脂肪 0.6%。虾还富含铁和钙，海虾富含碘。本道菜中加入了龙井的味道，口味十分独特。

PART 3

备·孕·期
营养食谱推荐

NO.3

蔬菜类

# 黑蒜油麦菜

**原料调料**

黑蒜6瓣、油麦菜200克、蒜1瓣、大豆油5克、盐适量。

**烹调方法**

1. 洗好的油麦菜切段，黑蒜切半，蒜切片。
2. 热锅下油，放入蒜片和黑蒜，再加入油麦菜翻炒，加适量盐调味炒匀即成。

**营养说明**

黑蒜又名发酵黑蒜，经过发酵的黑蒜味道酸甜，无蒜味。黑蒜凭借超高的营养价值以及甜、软、糯的口感（不再辛辣），逐渐被人们认识和认可。经过发酵的黑蒜与大蒜相比，其水分、脂肪等的含量显著降低，微量元素的含量显著升高，维生素含量更是大蒜的数倍，有益健康的大蒜素有增无减。

# 五彩玉米粒

## 原料调料

鲜玉米半根、青豆（罐头）20 克、红腰豆（罐头）30 克、黄瓜半根、胡萝卜 1/3 根、香菇 3 朵、玉米油 10 克、盐适量、糖少许。

## 烹调方法

1. 鲜玉米煮熟后掰下玉米粒。

2. 胡萝卜、香菇、黄瓜切成玉米粒大小的丁；青豆扒皮，用水洗净。

3. 锅中加入适量水烧开，加入玉米粒、青豆、红腰豆焯烫，捞出控水。

4. 热锅下油，放入香菇、胡萝卜炒片刻，加入玉米粒、红腰豆、青豆、黄瓜翻炒，加入少许盐、糖，炒匀即可出锅。（注意，不必加太多调料，尽量保持玉米的鲜香。）

## 营养说明

鲜玉米是未完全成熟的玉米鲜品，煮熟即可食用。五彩玉米粒不但色泽鲜艳，而且口味也很香甜，是备孕期和孕期的美味选择。

# 捞汁素菜

 **原料调料**

金针菇 75 克、魔芋丝 1 盒、海带丝 50 克、胡萝卜丝 50 克、蒜末适量、辣椒少许、醋适量、生抽 1 勺、盐适量、白糖适量、鸡精少许、香油适量。

 **烹调方法**

1. 准备一个大的容器，放入醋、生抽、盐、白糖、鸡精、辣椒、蒜末和香油，再加一杯纯净水调好汁。

2. 放入胡萝卜丝、魔芋丝（提前焯水）、金针菇（提前焯水）、海带丝（提前焯水），将所有食材搅拌均匀即可。

 **营养说明**

捞拌多以海鲜、菌类、素菜等为主要食材。将各种原料进行初步处理后与汤汁一起放入冰箱冰镇而成。菜品口味鲜咸得当，酸甜适中而又略带微辣，使人食欲大增。因其汁足、冰镇凉爽，特别适合用于孕期改善食欲。

# 荷兰豆炒莲藕

 原料调料

荷兰豆 80 克、莲藕 150 克、红彩椒 1/4 个、木耳 3 朵、蒜片适量、橄榄油 5 克、盐适量、鸡粉少许、水淀粉适量。

 烹调方法

1. 荷兰豆洗净去筋，莲藕去皮切片，木耳发好后掰小朵，红彩椒切片。

2. 炒锅烧热水，依次将处理好的食材焯水（顺序为莲藕、荷兰豆、木耳、红彩椒）。

3. 热锅下油，放入蒜片爆香，放入除红彩椒外的所有原料，迅速翻炒两分钟。

4. 放入红彩椒继续翻炒，加盐、鸡粉翻炒几下，加水淀粉勾芡，出锅。

营养说明

橄榄油是从油橄榄的果实中榨取的，一般来说，初榨橄榄油最适合中餐的凉拌类菜肴和低温烹调（包括蒸、煮、炖等），如果用于高温炒菜，初榨橄榄油中丰富的营养物质则会被破坏，而且因其纯度不够，反而容易发烟，有点得不偿失。孕期食用的油类要多样化，大豆油、花生油、橄榄油、紫苏油、菜籽油要根据情况轮换食用。

# 鸡汤奶白菜

 **原料调料**

奶白菜 150 克、鸡汤 100 克、蜜枣 2 个、鸡胸肉 20 克、蚬子 5 个、矿泉水 500 毫升、盐适量。

 **烹调方法**

1. 奶白菜洗净切段。
2. 锅内加入矿泉水和鸡汤，再加入奶白菜、鸡胸肉、蚬子、蜜枣一起炖。
3. 大火煮沸，转小火炖 30 分钟，出锅前加入盐调味即可。

 **营养说明**

备孕期应增加各种绿叶菜的摄入量，这对于胎儿来说是非常有必要的。但是要注意在喝汤的同时，也要吃肉，这样才更有利于营养的均衡。

PART 3

备·孕·期
营养食谱推荐

NO.4
其他类

# 蓝莓坚果酸奶

 **原料调料**

酸奶1盒、蓝莓15克、核桃5克、松子5克、葡萄干5克、蔓越莓干5克。

 **烹调方法**

酸奶倒入杯子里，加入蓝莓、核桃、松子、葡萄干、蔓越莓干搅拌均匀即可。

 **营养说明**

因为蓝莓、葡萄干、蔓越莓干都含有糖，能提供甜味，所以酸奶要买不添加糖的纯酸奶，不要买已经添加了糖的风味酸奶，以免摄入太多糖。孕期摄入过多的糖对于胎儿和孕妇都没有什么益处，即便是酸奶也要注意控制糖的含量。

其他类 NO.4

# 蔓越莓麦片蛋羹

 **原料调料**

蔓越莓 10 克、燕麦片 60 克、鸡蛋 1 个、亚麻籽油 3 克。

 **烹调方法**

1. 蔓越莓用清水洗净，加少许水浸泡 10 分钟。

2. 鸡蛋打入碗中，加入少许亚麻籽油打散成蛋液。

3. 再加入相当于蛋液体积 2 倍的温水，用打蛋器竖直搅打后蛋液过细筛（去除泡沫）。

4. 轻轻地将蛋液、蔓越莓和燕麦片（留一点最后作装饰用）搅拌均匀，用调羹撇去表面的气泡，静置片刻（盖上保鲜膜）。

5. 蛋羹冷水入锅，大火将水烧开后，小火蒸 8~12 分钟，关火后稍闷一会儿取出。

6. 用剩下的蔓越莓和燕麦片点缀即可。

 **营养说明**

这是一款营养全面、特别适合作为孕期加餐的小吃，有水果（蔓越莓）、有粗粮（燕麦片）、有优质蛋白（鸡蛋）和 ω-3 脂肪酸（亚麻籽油），口感软嫩香甜。

# 芋头西米露

**原料调料**

荔浦芋头 50 克、西米 30 克、冰糖 3 块、车厘子 2 个。

**烹调方法**

1. 西米洗净，浸泡几分钟；荔浦芋头切成小丁。

2. 锅里放清水，加入芋头大火烧开，小火煮至芋头绵烂，汤汁浓稠后加冰糖调味。

3. 取另一个锅把水烧开后放入西米，煮至变透明后熄火。用筛网捞起煮好的西米用冷水冲凉。

4. 把冲洗后的西米放进烧开的芋头汤中同煮，不停搅拌（以免煳底），待西米煮至无白点即可熄火，最后用车厘子装饰。

**营养说明**

西米其实不是米，而是一种特殊的淀粉制品，这种淀粉取自西谷椰子。除淀粉外，西米也含有少量蛋白质、脂肪及 B 族维生素，整体营养价值不高。人们喜爱吃西米主要是因为过凉后其口感爽滑有嚼劲。西米煮出好口感要注意：①浸泡时间不要太长，甚至可以直接入锅；②必须是热水下锅煮，冷水会化掉；③煮时要多加点水，多次搅拌，防止煳底④煮好后用冰水过凉，口感最佳。

# 葡式蛋挞

## 原料调料

蛋挞皮 9 个、低筋面粉 20 克、鸡蛋（取蛋黄）3 个、牛奶 100 克、白糖 20 克、淡奶油 100 克。

## 烹调方法

1. 牛奶加热后加入白糖拌匀，然后加入淡奶油搅拌均匀，再加入低筋面粉搅拌均匀（无颗粒），最后倒入蛋黄搅拌均匀，制成蛋挞糊。

2. 用手动打蛋器拌匀蛋挞糊，然后过一下筛去掉泡沫。

3. 将蛋挞糊倒入蛋挞皮中（至八分满即停，因为烤制时会膨胀），烤箱预热至 200℃，将蛋挞放进中层，上下火烤 20 分钟。

## 营养说明

酥脆的外皮和中间的蛋香、奶香共同交织出了这美妙的味道。小小的蛋挞，却能在口中大做文章，着实令人欣喜。这也是很多人爱上蛋挞的原因。自行制作蛋挞，简单方便，营养品质更高。在家自制蛋挞，可以尽量低盐少油，满足孕期的营养需求。

# 酸奶紫薯塔

### 原料调料

原味酸奶 1 瓶、紫薯 1 个。

### 烹调方法

1. 紫薯洗净，上蒸锅蒸熟。
2. 剥皮，用勺子碾成泥，过筛后更细腻。
3. 把薯泥用心形模具扣住，再倒上原味酸奶就可以了。

### 营养说明

像普通红薯一样，紫薯的主要成分也是淀粉，同时富含维生素C、胡萝卜素、钾、硒、膳食纤维等重要营养素。与其他薯类不同的是，紫薯含有花青素，花青素是一类广泛存在于蓝莓、红（紫）葡萄、紫甘蓝、紫茄子和紫薯等紫色果蔬中的黄酮类物质，有很强的抗氧化作用，能清除体内自由基，因而具有一定的保健价值。看惯了红薯黄白颜色之后，来一个新奇的紫"红薯"，不免令人食欲大增。

因为胎儿的发育日新月异，所以孕期饮食的多样性和营养搭配要以"日"为单位进行合理设计。也就是说，孕妇每一天的饮食都要种类多样、营养全面、数量合理，不要以为今天多一些、明天少一些，平均量合适就行了。这意味着，不但一日三餐要定时定量、营养均衡，而且要适当加餐。

# PART 4

## 孕期营养饮食方案

- 孕期饮食要点
- 孕期一天食物推荐量

# 孕期饮食要点

根据中国营养学会《中国居民膳食指南（2016）》，孕妇饮食应该在平衡膳食（备孕期膳食）的基础上，特别注意以下 5 条内容：

① 补充叶酸，常吃含铁丰富的食物，选用碘盐；

② 孕吐严重者，可少食多餐，保证摄入足量碳水化合物；

③ 孕中晚期适量增加奶、鱼、禽、蛋、瘦肉的摄入；

④ 进行适量身体活动，维持孕期适宜增重；

⑤ 禁烟酒，愉快孕育新生命，积极准备母乳喂养。

## 1 补充叶酸，常吃含铁丰富的食物，选用碘盐

叶酸对胚胎细胞增殖、组织生长分化和身体发育起着重要作用。孕早期叶酸缺乏可引起死胎、流产或胎儿大脑及神经管发育畸形。叶酸缺乏还会导致巨幼红细胞性贫血和高同型半胱氨酸血症，后者易诱发妊娠期高血压疾病，并与习惯性流产、胎盘早剥、胎儿生长受限、畸形、死胎、早产等的发生密切相关。孕妇每天应摄入 600 微克叶酸，其中口服叶酸补充剂400 微克 / 天，其余 200 微克由绿叶蔬菜、蛋类、豆类等含叶酸丰富的食

物提供。为此，孕妇每天应保证摄入 400 克各种蔬菜，且其中 1/2 以上为新鲜绿叶蔬菜，如菠菜、油菜、小白菜、甘蓝、油麦菜、茼蒿、菜心等。

随着孕周增长，孕妇对铁的需要量明显增加。孕中晚期妇女应适当增加铁的摄入量。孕期铁摄入不足容易导致孕妇及胎儿发生缺铁性贫血或铁缺乏。孕期缺铁性贫血是我国孕妇中常见的营养缺乏病，发生率约为 30%，对母体和胎儿的健康均会产生许多不良影响。如胎盘缺氧易导致孕妇出现妊娠期高血压疾病，铁缺乏和贫血还会使孕产妇抵抗力下降，导致产妇身体虚弱，容易并发褥期感染、产后大出血、心力衰竭等。孕妇贫血也会增加早产、子代低出生体重及儿童期认知障碍的发生风险。总而言之，孕妇需要摄入更多铁才能满足胎儿需要，铁摄入充足可以预防早产、流产，避免铁缺乏和贫血。肉类、动物血和肝脏是铁的最好来源，所以孕中晚期应每天增加 20~50 克红肉，每周吃 1~2 次动物内脏或动物血。

碘是合成甲状腺素的主要原料，孕期新陈代谢增强，甲状腺素合成增加，对碘的需要量显著增加。碘缺乏会导致甲状腺素合成不足，影响蛋白合成和神经元的分化，使脑细胞数量减少、体积缩小，重量减轻，

严重损害胎儿脑部和智力发育。孕期碘缺乏，轻者导致胎儿大脑发育落后、智力低下、反应迟钝；严重者导致先天性克汀病，患儿表现为矮、呆、聋、哑、瘫等症状。缺碘导致的甲状腺素合成不足还会引起早产、流产及死胎发生率的增加。为了摄入充足的碘，孕妇除坚持选用加碘盐（6克/天）外，每周还应摄入 1~2 次含碘丰富的海产品，如海带、紫菜、裙带菜、贝类、海鱼等。

## ② 孕吐严重者，可少食多餐，保证摄入足量碳水化合物

孕吐是正常妊娠反应的常见表现，不必过于担心和焦虑，否则会加重孕吐。孕吐反应频繁时，要注意食物的色、香、味的合理调配，可少食多餐，选择清淡或适口的膳食，保证摄入含必要量碳水化合物的食物，以预防酮血症对胎儿神经系统的损害。

当孕吐较明显或食欲不佳时，不必过分强调平衡膳食，更不应强迫进食。进餐的时间、地点可依个人的反应特点而异，可清晨醒来起床前吃，也可在临睡前进食。其他应对妊娠反应的对策有：早晨起来，食用干性食物，

如馒头、面包干、饼干、鸡蛋等；避免食用油炸、油腻食物和甜品，避免胃液返流刺激食管黏膜；适当补充维生素 $B_1$、维生素 $B_2$、维生素 $B_6$ 和维生素 C。

需要强调的是，无论如何要吃一些米粥、面条、馒头、面包等容易消化的粮谷类食物，以保证每天至少摄取 130 克碳水化合物，以预防酮症酸中毒对胎儿的危害。各种糕点、薯类、根茎类蔬菜和一些水果中也含有较多碳水化合物，可根据孕妇的口味选用。食糖、蜂蜜等的主要成分为简单碳水化合物，易于吸收，进食少或孕吐严重时食用可迅速补充身体需要的碳水化合物。进食困难或孕吐严重者应寻求医师帮助，考虑通过静脉输注葡萄糖的方式补充必要量的碳水化合物。

需要提醒的是，孕早期无明显早孕反应者应继续保持孕前平衡膳食，不要一味地进补，此时胎儿生长相对缓慢，所需能量和营养素并无明显增加，孕妇无需额外增加食物摄入量，以免使孕早期体重增长过多。研究表明，孕早期能量摄入过多（孕早期体重增长过多）是孕期总体重增长过多的重要原因，可增加妊娠期糖尿病的发生风险。

## 3 孕中晚期适量增加奶、鱼、禽、蛋、瘦肉的摄入

　　孕中晚期对钙的需要量每天增加了 200 毫克，总量达到 1000 毫克 / 天。孕期钙缺乏，母体会动用自身骨骼中的钙以满足胎儿骨骼生长发育的需要，从而损害母体健康。孕期缺钙还会增加妊娠期高血压疾病的发生风险。奶类是钙最好的来源，从孕中期开始，孕妇奶类摄入量应达到 500 克 / 天。可选用液态奶、酸奶，也可用奶粉冲调，可分别在正餐或加餐时食用。孕期体重增长较快时，可选用低脂奶，以减少能量摄入。要注意区分乳饮料和乳类，多数乳饮料中乳含量并不高，不能代替奶。

　　研究发现，孕妇增加奶及其制品的摄入量可使妊娠期高血压疾病的发生率降低 35%，子痫前期的发生率降低 55%，早产的发生率降低 24%。也有研究证实，孕妇饮奶可降低孩子出生后对牛奶蛋白过敏的风险。

　　孕中期和孕晚期对蛋白质的需要量明显增加，孕中期每天增加 15 克，孕晚期每天增加 30 克。为了满

足蛋白质的需要，孕中期每天要吃鱼、禽、蛋、瘦肉共计 150~200 克，孕晚期每天 200~250 克。

同样重量的鱼类与畜禽类食物相比，提供的优质蛋白质含量相差无几，但鱼类所含脂肪和能量明显少于畜禽类。因此，当孕妇体重增长较多时，可多食用鱼类，少食用畜禽类，食用畜禽类时尽量剔除皮和肉眼可见的肥肉，畜肉可优先选择牛肉。此外，鱼类尤其是深海鱼类，如三文鱼、鲱鱼、凤尾鱼等，还含有较多 ω-3 多不饱和脂肪酸，其中的二十二碳六烯酸（DHA）对胎儿大脑和视网膜功能发育有益，每周最好食用 2~3 次深海鱼类。

根据美国食品药品监督管理局（FDA）2017 年的建议，孕妇应选用低汞鱼类，如鳕鱼、鲑鱼、金枪鱼（罐头）、罗非鱼和鲶鱼等；不选用高汞鱼类，如方头鱼、鲨鱼、旗鱼、橙鲷鱼、大眼金枪鱼、马林鱼和大鲭鱼等。

**4** **进行适量身体活动，维持孕期适宜增重**

千万不要以为孕妇吃得越多、长得越多，对胎儿就越好，活动越少就越安全。长胎不长肉，使孕期体重增长保持在适宜的范围是非常重要的。孕期体重增长过多的孕妇更容易患妊娠期高血压疾病、妊娠糖尿病等，也容易出现产后体重滞留（发胖）。孕期体重增长过多还会增加 2 型糖尿病的发生风险，并且与绝经后发生乳腺癌有关。孕期体重增长不足和过多，均会影响母体产后乳汁的分泌。

怀孕后应密切关注体重变化，及早对体重进行监测和管理。孕早期体重变化不大，可每月测量 1 次，孕中晚期应每周测量。称量体重时，除了使用较准确的体重秤，还要注意每次称重前均应排空大、小便，脱去鞋帽和外套，仅着单衣。

体重增长过多时，应减少主食、烹调油、饮料、甜点、面包、饼干、油炸食品、油腻菜肴等高能量食物的摄入，并增加身体活动。每天应进行不少于 30 分钟的中等强度的身体活动，如快走、游泳、打球、跳舞、孕妇瑜伽、各种家务劳动等。若无医学禁忌，多数活动和运动对孕妇都是安全的，而且对孕妇和胎儿均有益处。当然，孕妇应根据自己的身体状况和孕前的运动习惯，结合主观感觉，量力而行，循序渐进。

中等强度是指心率明显加快，一般为运动后心率达到最大心率的 50%~70%，主观感觉稍疲劳，但 10 分钟左右以后可恢复正常。最大心率可用 220 减去年龄计算得到，如年龄为 30 岁，最大心率（次 / 分钟）

为 220 - 30=190，活动后的心率以 95~133 次 / 分钟为宜。即使体重增长不过多，孕期进行适宜的规律运动也是有好处的，有助于预防妊娠期糖尿病，促进胎盘的生长及血管分布，有助于愉悦心情；活动和运动使肌肉收缩能力增强，还有利于自然分娩。

体重增长不足者，可适当增加奶类、蛋类、肉类和主食的摄入量。

孕期体重如何增长才算适宜呢？由于我国目前尚缺乏足够的数据资料建立孕期适宜增重推荐值，所以目前一般建议以美国医学研究院（IOM）2009 年推荐标准作为参考。不同孕前体重指数（BMI）妇女孕期体重总增重的适宜范围及孕中晚期每周的增重速率参考值见表 1。

要注意，孕早期体重增长不明显，甚至还可能出现体重下降，均为正常。应注意避免孕早期体重增长过快。

### 表 1  不同孕前体重指数（BMI）妇女孕期体重总增重的适宜范围及孕中晚期每周的增重速率参考值

| 孕前 BMI /（千克/米²） | 总增重范围 / 千克 | 孕中晚期增重速率 /（千克/周） |
| --- | --- | --- |
| 低体重（＜18.5） | 12.5 ~ 18 | 0.51（0.44 ~ 0.58） |
| 正常体重 (18.5 ~ 24.9) | 11.5 ~ 16 | 0.42（0.35 ~ 0.50） |
| 超重 (25.0 ~ 29.9) | 7 ~ 11.5 | 0.28（0.23 ~ 0.33） |
| 肥胖（≥30.0） | 5 ~ 9 | 0.22（0.17 ~ 0.27） |

双胎分别增重 16.7~24.3 千克（正常体型）、13.9~22.5 千克（超重）11.3~18.9 千克（肥胖）。

## ⑤ 禁烟酒，愉快孕育新生命，积极准备母乳喂养

烟草、酒精对胚胎发育的各个阶段都有明显的毒性作用，容易引起流产、早产和胎儿畸形。有吸烟饮酒习惯的妇女必须戒烟禁酒，远离吸烟环境，避免接触二手烟。尽量避免身处通风不良和人群聚集的环境中。

孕妇要积极了解孕期生理变化特点，学习孕育知识，定期进行孕期检查，出现不适时能正确处理或及时就医，遇到困难多与家人和朋友沟通以获得必要的帮助和支持。怀孕期间身体的各种变化都可能会影响孕妇的情绪，需要以积极的心态去面对和适应，愉快享受这一过程。

孕妇还要在心理上积极准备母乳喂养，尽早了解母乳喂养的益处，增强母乳喂养的意愿，做好乳房的护理，学习母乳喂养的方法和技巧，为产后尽早开奶和成功母乳喂养做好各项准备。

乳房护理是指适时更换胸罩，选择能完全罩住乳房并能有效支撑乳房底部及侧边、不挤压乳头的胸罩，避免过于压迫乳头妨碍乳腺的发育。孕中晚期应经常对乳头、乳晕进行揉捏、按摩和擦洗，以增强乳头、乳晕的韧性和对刺激的耐受性。用温水擦洗乳头，忌用肥皂、洗涤剂或酒精等，以免破坏保护乳头和乳晕的天然油脂，造成乳头皲裂，影响日后哺乳。乳头较短或内陷者，不利于产后宝宝的吸吮，自孕中期开始可每天向外牵拉加以矫正。

 孕期一天食物推荐量

根据中国营养学会《中国居民膳食指南（2016）》的建议，孕妇一天进食量建议值见表2。

| 表2 | 孕妇一天进食量建议值 | | |
|---|---|---|---|
| 食物 | 孕中期 / 克 | 孕晚期 / 克 | 说明 |
| 谷类 | 200~250 | 200~250 | 全谷和杂豆≥1/3 |
| 薯类 | 50 | 50 | |
| 蔬菜 | 300~500 | 300~500 | 绿叶菜 + 红黄色蔬菜≥2/3 |
| 水果 | 200~400 | 200~400 | |
| 鱼禽蛋肉 | 150~200 | 200~250 | 包括动物内脏 |
| 牛奶 | 300~500 | 300~500 | |
| 大豆 | 15 | 15 | |
| 坚果 | 10 | 10 | |
| 烹调油 | 25 | 25 | |
| 碘盐 | ≤ 6 | ≤ 6 | |

众所周知，孕妇的营养供给对胎儿的发育十分重要，因为胎儿所需的一切营养都要由孕妇"代替"摄入。除此之外，孕妇享用美食，不同菜肴的味道、气味都会对胎儿产生微妙的影响，甚至会影响胎儿出生后的口味偏好。

吃不胖的备孕怀孕营养餐

# PART 5

## 孕期营养食谱推荐

**NO.1**
主食类

**NO.2**
鱼虾肉蛋和大豆制品类

**NO.3**
蔬菜类

**NO.4**
其他类

PART 5

孕期营养食谱推荐

NO.1

主食类

# 杂豆饭

 **原料调料**

大米 20 克、糙米 10 克、黑米 10 克、燕麦米 10 克、红豆 10 克。

 **烹调方法**

1. 糙米放入干净的盆里淘洗干净，提前一晚用清水浸泡。
2. 大米、黑米和燕麦米淘洗干净，浸泡 10 分钟。将红豆提前煮沸煮软。
3. 所有食材混合均匀，放入电饭煲里蒸熟。

 **营养说明**

红豆、绿豆等杂豆类也属于粗粮，所以杂豆饭、杂粮饭、二米饭、杂粮粥、红豆饭、绿豆饭……名字各不相同，但基本"套路"相同，就是在普通白米饭的基础上加入各种粗粮，以达到粗粮占 1/3 的配餐要求。最重要的或许不是加什么粗粮，加几种粗粮，而是要尽量少吃纯白的米饭，逢做米饭必加各色粗粮，种类随意。但要注意，除小米和黑米外，杂豆类、燕麦米、大麦米、玉米、高粱米等粗粮均需要提前浸泡数小时或煮沸十余分钟，才能与大米在电饭煲中一起煮熟。

# 全麦馒头

**原料调料**

全麦粉 200 克、面粉 300 克、酵母粉 5 克。

**烹调方法**

1. 全麦粉、面粉、酵母粉混合加水，揉成光滑的面团，室温松弛 10 分钟。

2. 面团擀成长方形薄片，从长边开始卷起，卷成圆柱形。将圆柱形面团切成同等分量的小面团，揉成小圆团，排入蒸笼中，室温发酵 20 分钟。

3. 大火蒸 15 分钟，关火闷 3 分钟再开盖出锅。

**营养说明**

全麦粉是最典型的粗粮，目前在很多超市均可买到。全麦粉是指用没有去掉麸皮的小麦粒磨成的面粉，其颜色比精致面粉黑，口感也较粗糙，但因为保留了麸皮中的大量维生素、矿物质、膳食纤维，所以营养价值更高一些。不过，现在超市里很多"全麦粉"并不正宗，基本还是白色的，只是比普通面粉略粗一些而已，如果购买这种全麦粉，就不必再兑入白面粉了，直接发酵蒸制馒头即可。

在面食中引入全麦粉是提高主食营养价值的重要方法。同样大小的一块馒头，全麦馒头维生素和矿物质含量是普通馒头的 2~3 倍。全麦馒头含更多的膳食纤维，具有清肠通便的作用，有助于缓解孕妇常见的便秘问题。更大的益处是，吃全麦馒头血糖上升缓慢，能减少胰岛素的分泌，有助于预防孕期体重增长过快和妊娠期糖尿病。

# 豆沙包

 原料调料

红豆500克、面粉500克、酵母粉10克、糖适量、奶粉100克、干枣10个。

 烹调方法

1. 红豆用高压锅煮烂，加糖搅拌成豆沙馅备用。

2. 酵母粉溶于温水中，静置5分钟。

3. 盆中加入面粉和奶粉，分次加入酵母水，揉成软面团，包上保鲜膜进行发酵。

4. 发酵至原来体积的1.5~2倍大，呈现蜂窝状，用手轻轻地将面团挤压排除气泡，轻轻揉匀，切成所需的小份，滚圆后进行15分钟的中间发酵。

5. 发酵好的小面团擀成中间厚四周薄的圆皮，豆沙馅稍搓成球，放入面皮中，包好，搓圆，放入蒸笼中静置20分钟取出。

6. 锅内烧水，沸腾后豆包上屉，放上干枣，大火蒸制10分钟，关火等3分钟后再开盖出锅。

 营养说明

红豆是常见的杂豆，特别适合制作豆沙馅。红豆还含有较多蛋白质，含量为20.2%，钾、铁、硒和磷的含量也较多。红豆还可以用于煮饭、煮粥、做赤豆汤或冰棍、雪糕之类。做豆沙最好不要去皮，如果为了获得细腻的口感而把豆皮过滤掉，就得不偿失了。增加膳食纤维的数量，有利于缓解孕期容易发生的便秘。

# 上海家乡泡饭

**原料调料**

白米饭100克、青菜3棵、火腿30克、虾仁6个、盐适量、鸡蛋1个。

**烹调方法**

1. 青菜清洗干净，切成细丝。

2. 火腿切成细丝，虾仁开背（亦可用金钩制作）。

3. 将白米饭和凉水倒入小煮锅中，大火煮至沸腾，边煮边用勺子轻轻搅拌，使饭粒和水充分混合。

4. 鸡蛋打散炒成丝。将火腿丝、虾仁放入煮锅中，待再次煮滚后放入青菜丝、鸡蛋丝，调入盐，煮约半分钟后关火即可。

**营养说明**

虾仁营养丰富，是典型的高蛋白低脂肪食材，蛋白质含量与瘦肉相当，脂肪含量却只有瘦肉的1/10。虾仁还富含钙、磷、镁、铁、钾等矿物质，海产虾仁还含有碘。孕期推荐多摄入一些海产品，其中海虾是必选食物。

# 菠萝饭

 原料调料

白米饭 50 克、菠萝 1 个、豌豆粒 20 克、玉米粒 30 克、胡萝卜 30 克、鸡蛋 1 个、蒜 2 瓣、橄榄油 10 克、盐适量、黑胡椒碎适量。

 烹调方法

1. 将菠萝对半切开，果肉挖出后切成边长 1 厘米的小块，用淡盐水浸泡。

2. 保留一半的外壳作容器备用。

3. 胡萝卜切成丁，豌豆粒和玉米粒过水焯一遍。鸡蛋加两勺清水打散成蛋液。

4. 锅中烧热油，待六成热时，倒入鸡蛋液，用筷子划散蛋液，炒成鸡蛋碎，盛出备用。

5. 蒜切碎。锅中再次放油，加入蒜碎炒香，放入白米饭炒散炒均匀，盛出备用。

6. 锅内第三次放油烧热，放入胡萝卜、豌豆粒、玉米粒翻炒片刻。炒制过程中加适量盐、黑胡椒碎调味，再放入白米饭和鸡蛋碎一起翻炒均匀。

7. 将菠萝丁入锅一起翻炒均匀，盛入菠萝碗中。

 **营养说明**

菠萝也是烹饪的重要原料，是较容易入菜的水果之一，如菠萝饼、菠萝肉卷、菠萝沙拉等，不但风味独特，而且有助于其他食物的消化吸收，改善孕期妊娠反应。

# 杂菌米线

**原料调料**

干米线 100 克、香菇 2 朵、蟹味菇 20 克、白玉菇 20 克、大蒜 2 瓣、海菜 50 克、玉米油 10 克、生抽 1 勺、盐适量。

**烹调方法**

1. 海菜用水泡发好，香菇、蟹味菇、白玉菇洗净焯水。

2. 干米线提前浸泡备用。

3. 锅里放清水，煮沸后放入泡好的米线，煮至发软，起锅用冷水过凉。

4. 锅中放油，放蒜爆锅，炒至微黄后加入香菇、蟹味菇、白玉菇，翻炒一会儿。

5. 加盐、水和少许生抽，加入米线，盖锅盖焖煮 2 分钟，大火收汁，加入海菜略煮出锅。

**营养说明**

与一般米饭、米粥等的吃法不同，米线很容易与蔬菜、菌藻类、肉类、鱼虾等搭配在一起吃，营养更均衡，这一吃法与面条有点像。干米线需要提前浸泡，而且比面条更耐煮。

# 骨汤蝴蝶面

**原料调料**

蝴蝶面 50 克、骨汤 100 克、豆苗 50 克、胡萝卜 30 克、盐适量、香油少许。

**烹调方法**

1. 水烧开，放入蝴蝶面煮 5~8 分钟捞起备用。胡萝卜切丝。

2. 骨汤煮沸，倒入煮过的蝴蝶面、豆苗和胡萝卜丝，小火煮熟，加入盐和几滴香油即可。

**营养说明**

蝴蝶面属于意大利面，与普通的长条意大利面原料相同，但形状不同。蝴蝶面在上海、江苏及沿江一带享有较高声誉，蝴蝶面的面质为两端细柔，中间厚实。

# 香烤小土豆

**原料调料**

小土豆 200 克、黄油 10 克、盐适量。

**烹调方法**

1. 把小土豆洗干净，放到锅里蒸熟。
2. 小土豆铺平，涂上黄油和盐。
3. 烤箱预热至 240℃，烤 15 分钟即可。

**营养说明**

土豆的营养价值兼具粮食和蔬菜的特点，既富含淀粉和少量蛋白质，又富含钾、维生素 C 等微量营养素。土豆的吃法也很多样，可做菜，也可代替粮食，或同面粉配合制作点心、糕、饼等，只要不是炸薯条、薯片之类的不健康吃法，土豆总是一款值得推荐的食材。孕期的饮食原则之一就是要低盐少油。

# 燕麦杂粮粥

 **原料调料**

糙米 10 克、大米 20 克、生燕麦 10 克。

 **烹调方法**

1. 糙米洗净，提前一晚用清水浸泡（浸泡 8 小时以上，天热时要放入冰箱冷藏）。

2. 大米淘洗干净，浸泡 10 分钟；生燕麦浸泡 10 分钟。

3. 糙米和大米混合均匀，放入锅中熬煮，煮沸几分钟后加入生燕麦一起煮烂成粥。

4. 做杂粮粥最简单的方法就是用家里剩下的杂粮饭，加水放入熟的燕麦片熬煮 5 分钟就可以了。

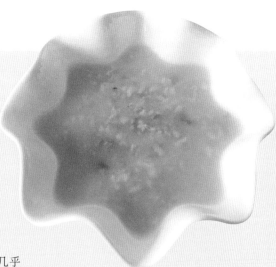

 **营养说明**

与白米粥相比，杂粮粥的优势是营养更丰富，升高血糖的作用较弱，故而更适合孕妇食用。杂粮粥通常比杂粮米饭更容易被初尝者接受。

煮粥的食材可以多变，几乎所有的粗杂粮和豆类都可以用来煮粥，还可以加入大枣、桂圆和坚果类（如花生、莲子），但不建议加碱或盐，也不建议加糖。在不加碱的情况下，如何使粥黏稠润滑，接近加碱的效果呢？糯米、黏黄米中的支链淀粉可增加黏度；燕麦中的 β- 葡聚糖也可提供黏度。因此，杂粮粥原料中要有糯米、黏黄米、燕麦等，可使口感更好。

# 芋头炒米粥

**原料调料**

荔浦芋头 50 克、胚芽米 50 克、大枣 2 颗。

**烹调方法**

1. 胚芽米洗净浸泡，芋头洗净切块。

2. 锅里加清水，烧热后把胚芽米和芋头块一起倒入锅里，大火烧开几分钟后改小火，慢慢熬煮成粥（注意不要溢出米汤）即可。

3. 还可放几颗大枣，喜欢甜的可以放少量冰糖。

**营养说明**

胚芽，顾名思义是生出新的生命的部分。它含有丰富的营养，包括蛋白质、脂肪酸、维生素等，是整个米粒中营养价值最高的部分。从这种意义上讲，胚芽米相当于一种粗粮，值得推荐。

# 油菜瘦肉粥

 **原料调料**

大米 40 克、油菜 2 棵、瘦肉 30 克、葱 1 段、生抽 0.5 勺、盐适量、枸杞少量、橄榄油少许。

 **烹调方法**

1. 油菜洗净焯水几秒钟，立刻浸凉水，挤干水分切碎备用。

2. 瘦肉切小长块，加少许生抽略腌。

3. 热锅下油，加葱和瘦肉炒至变色。

4. 锅内加水和大米煮滚，小火半小时煮至米粒黏稠，加炒好的肉继续煮 12 分钟。最后加油菜和盐，搅拌几分钟即可。

5. 可以放几颗枸杞点缀。

 **营养说明**

很多人喜欢喝粥，粥也的确易于消化，适合绝大多数人，但如果只是白米粥、小米粥等，食材未免太单调，营养不够全面。借鉴粤式粥品的做法，在米粥中加入肉类、鱼虾、蔬菜等，是提升粥类营养价值的好办法。孕期多食用比较"复杂"的粥类，比如蔬菜粥、杂粮粥，有助于控制孕期血糖的平稳。

# 鸡肉粥

**原料调料**

大米 40 克、鸡肉 30 克、盐适量、橄榄油 3 克、淀粉适量、法香碎（装饰用）少许。

**烹调方法**

1. 鸡肉切细丝，加入淀粉和橄榄油拌匀。

2. 大米洗净后加入半锅水中，大火煮开，小火慢煮至黏稠，加入鸡肉丝，搅散。

3. 出锅前加盐即可。最后放上法香碎装饰。

**营养说明**

作为"白肉"的代表性食材，鸡肉富含蛋白质、维生素 A、铁等孕妇需要重点补充的营养素，营养价值较高。鸡肉味道平淡、鲜香，是特别适合加入粥中的肉类。白肉是备孕期、孕期乃至哺乳期的最佳肉类选择。

# 肉松低糖蛋糕卷

 **原料调料**

低筋面粉 60 克、肉松适量、可可粉少许、鸡蛋 3 个、玉米淀粉少许、白砂糖 10 克、玉米油 40 毫升、柠檬汁少许。

 **烹调方法**

1. 将低筋面粉和玉米淀粉混合过筛，将鸡蛋的蛋清、蛋黄分离备用。

2. 将可可粉加入 10 克水中搅拌均匀成可可糊备用。

3. 蛋黄放入盆中，用打蛋器打至乳白色，加入玉米油搅拌均匀，放入过筛后的低筋面粉和玉米淀粉，搅拌成光滑的流质面糊。

4. 取另一个盆，放入蛋清，加入几滴柠檬汁，用打蛋器打至出现粗泡沫后，分三次加入白砂糖。

5. 打至干性发泡，即打蛋器挑起蛋清液不下淌。

6. 取 1/3 的蛋清液与面糊切拌均匀。将拌匀的面糊再倒入剩余的蛋清液中，倒入可可糊，用橡皮刀切拌均匀成蛋糕糊。

7. 模具中铺上油纸，将蛋糕糊倒入模具中。烤箱提前预热后，放入烤箱 175℃中层烤 18 分钟。

8. 蛋糕模具从烤箱中取出后立刻倒扣，揭掉油纸，最后撒上肉松。

 **营养说明**

当下烘焙食品在年轻人群中很流行，但只要亲手按配方制作一次烘焙食品，你就会直观地认识到烘焙食品中添加的糖、油之多，多到令人吃惊。当然，很多人自己制作烘焙食品时，有意地少放一些糖、油，或者用相对健康的食材替代、改良。孕期也可以吃烘焙食品，但是我们鼓励在家制作更加健康的低糖、少油的烘焙食品。

# 枣糕

## 原料调料

低筋面粉 150 克、无核红枣 180 克、牛奶 30 克、红糖 100 克、鸡蛋 6 个、泡打粉 6 克、玉米油 50 克。

## 烹调方法

1. 把无核红枣和牛奶一起用搅拌机打碎，加入红糖搅拌均匀，制成红糖枣泥。

2. 取一个干净的盆，加入鸡蛋，用打蛋器打发至鸡蛋液变白，体积是原来的 2 倍大。

3. 鸡蛋液中加入低筋面粉和泡打粉（过筛后口感更好），用切拌的方法搅拌均匀避免消泡。

4. 加入红糖枣泥和玉米油再次拌匀。

5. 倒入烤盘震荡几下，震出气泡，放入预热好的烤箱中，上下火 170℃烤 45 分钟。

## 营养说明

红枣富含钾、钙、铁、B 族维生素、维生素E 等营养素。并且有研究显示，孕妈妈经常吃红枣（尤其是孕晚期），有助于顺利分娩。

# 核桃吐司

## 原料调料

高筋面粉250克、黄油12克、核桃仁40克、牛奶100克、鸡蛋1个、糖10克、盐2克、酵母粉3克。

## 烹调方法

1. 牛奶、糖、盐、鸡蛋放入全自动家用面包机桶内，加入高筋面粉。
2. 在面粉上撒上酵母粉，启动面包机快速和面程序。
3. 一个"和面"程序完成，加入黄油再启动一次"和面"程序。
4. 第二次"和面"程序完成后，启动"蔬果面包"程序。
5. 中途加入核桃仁，选择烘烤键。烘焙结束，将面包桶取出脱模即可。

## 营养说明

就营养价值而论，市售面包千差万别，比如有的奶油面包脂肪含量达到惊人的20%，超过肉类，且其脂肪来自棕榈油等营养价值较低的油脂，而有的全麦面包脂肪含量低到2%。各种面包钠含量也相差极大，需要认真阅读产品标签营养成分表才能做出恰当选择。

比较而言，用全自动家用面包机制作各种面包，既简单易行，又可以在营养方面提高品质，减少糖、油、盐等，增加奶类、坚果、鸡蛋等。

# 大丰收

**原料调料**

新鲜玉米1根、山药1根、紫薯1个、土豆1个。

**烹调方法**

1. 先把山药、紫薯、土豆去皮，切成段。玉米去须去皮后也切成段。

2. 所有食材大火上锅蒸15分钟。

注意事项：切段时大小尽量一致，成熟的时间也一样。紫薯因掉颜色可放入碗中单独蒸（以免染色其他食材）。

**营养说明**

鲜玉米是未完全成熟的玉米鲜品，煮熟即可食用。鲜玉米一般在暑期上市，超市里也有常年供应的鲜玉米包装产品。

就营养而言，黄色玉米更胜一筹，因为黄玉米中含有较多"玉米黄质"。其他营养成分，各种鲜玉米基本相仿，孕妇可以根据自己的喜好选择。除水煮后直接食用外，鲜玉米还可以穿上竹扦烧烤，或把玉米粒拨下来做汤、炒菜、煮粥、炒饭、凉拌、打浆等。

# 红豆糯米糍

 **原料调料**

糯米粉 150 克、红豆沙 250 克、白糖适量、椰蓉适量。

 **烹调方法**

1. 糯米粉加适量白糖和成面团。

2. 红豆沙捏成小球备用。

3. 把糯米面团分成若干小份，揉圆按成片包上豆沙球。

4. 把捏好的糯米红豆圆子上锅蒸 10 分钟，取出趁热（一定要趁热，否则就沾不上椰蓉了）滚上椰蓉即可。

**营养说明**

红豆是典型的粗粮，但外购的豆沙一般都去除了豆皮——膳食纤维含量最为丰富的部位，有的还添加了淀粉使口感更细腻，这就降低了它们作为粗粮的价值。所以建议自行制作豆沙或豆馅。用高压锅把红豆煮烂，然后加糖搅拌，冷却成豆馅／豆沙。

# 四喜饺

## 原料调料

牛肉100克、木耳3朵、鸡蛋1个、胡萝卜30克、黑麦面粉100克、姜2片、洋葱20克、料酒1勺、盐适量、生抽1勺、鸡粉适量、油适量。

## 烹调方法

1. 姜片剁成末。牛肉剁成馅，放入姜末、生抽、盐、鸡粉、料酒，顺同一方向搅拌。

2. 洋葱切碎末，也倒入牛肉馅里一起搅拌。

3. 胡萝卜切丁，木耳切丁。鸡蛋在油锅里摊成饼，煎好并切丁。

4. 用黑麦面粉做饺子皮，将洋葱牛肉馅放在饺子皮的一角，将饺子皮对折一捏，将一边先对折进来，再折另一边，再把四个洞捏整齐，整体像是"田"字形，放上胡萝卜丁、木耳丁和鸡蛋丁，上屉蒸熟。

## 营养说明

吃饺子也是实现"一种食物全面营养"的好办法，很容易做到荤素搭配，食材多样。蒸饺上面的填充料还可换成玉米粒、豌豆、鸡蛋清、火腿末等，颜色丰富，美观漂亮，营养全面。对于不喜欢吃肉的孕妇来说，将肉加工成肉馅包到饺子中，可以提高肉类的摄入量，增加营养。

# 燕麦鸡蛋饼

 **原料调料**

燕麦片 50 克（非即食）、鸡蛋 1 个、牛奶 100 毫升、油适量。

 **烹调方法**

1. 燕麦片用牛奶浸泡 10 分钟，泡软后加入打散的鸡蛋。

2. 平底锅中薄薄地刷一层油，将打匀的鸡蛋燕麦牛奶液倒入锅中，摊成圆饼状，两面煎成金黄色即可。（也可在里面加入少许胡萝卜丝调味。）

 **营养说明**

燕麦鸡蛋饼是孕期早餐或者加餐的好选择，里面加入了牛奶，对于孕期奶类摄入不足的孕妇来说，燕麦鸡蛋饼是增加牛奶摄入量的好方法。

PART 5

孕期营养食谱推荐

NO.2

鱼虾肉蛋
和大豆制品类

# 糖醋小排

 **原料调料**

猪小排 500 克、胡萝卜 30 克、青笋 30 克、木耳 1 朵、葱 1 段、姜 1 片、料酒 2 勺、白砂糖 3 勺、醋 4 勺、生抽 3 勺、大豆油 10 克、盐适量。

 **烹调方法**

1. 胡萝卜、青笋、木耳切丁。排骨清洗干净，剁成小块，冷水下锅，烧开，去掉浮沫。

2. 锅内重新放入清水，倒入排骨，放入葱段和姜片，煮 40 分钟，捞出沥干。

3. 调酱汁：碗里倒入 2 勺料酒、3 勺生抽、3 勺白砂糖、4 勺醋、适量盐，再加入 5 勺清水，搅拌均匀。加入木耳丁、胡萝卜丁、青笋丁待用。

4. 热锅下油，放入排骨小火煸炒，待炒至两面微黄时加入酱汁，继续大火煸炒，然后开小火煮 8 分钟出锅即可。

 **营养说明**

排骨含有很多脂肪，烹调时尽量少放油，用小火慢慢煸炒，使其自身脂肪溶出提味。这款菜肴适合解馋，孕期，尤其是中晚期，体重容易增长过度，食用要适量。

# 酱肘花

## 原料调料

肘子1只、姜1块、葱1根、大蒜3瓣、生抽2勺、老抽1勺、炖肉料包1个、腐乳1块、黄豆酱2勺、蚝油1勺、干辣椒10克、花椒20粒、料酒2勺、醋2勺、盐适量、辣椒油适量、香油适量。

## 烹调方法

1. 姜切片，葱切段。新鲜肘子剔骨取肉，用两勺料酒和半碗生抽（额外准备）、葱段、姜片、花椒腌上1小时。

2. 用棉绳细细地捆住肘子，绑成圆柱状，尽量用肉皮包住里面的瘦肉。放进高压锅中，放入刚淹没肘子的凉水，再放入除蒜瓣外所有的辅料，启用电高压锅的炖肉挡。

3. 高压锅工作完成变成保温挡后，把肘子取出来，汤水的温度降下去以后可以再把肘子泡进去入味。

4. 酱好的肘子，放入冰箱冷藏一晚，第二天取出来拆掉棉绳，然后切片摆盘。

5. 大蒜打成蒜泥，加盐、醋、生抽、辣椒油和香油，再兑入一些卤肉汁浇在肘子上即可。

## 营养说明

肘子部位，肥瘦相间，口感非常细嫩。酱制过程中可以去除一部分油脂，既保留了肘子的香美可口，又减少了脂肪的摄入，比较适合孕期改善食欲。

# 锅塌里脊

 原料调料

猪里脊 50 克、鸡蛋 2 个、葱 1 段、姜 1 片、油 10 克、料酒 1 勺、生抽 0.5 勺、糖适量、盐少许、水淀粉少许。

 烹调方法

1. 葱和姜切末，鸡蛋加少许盐打成蛋液。

2. 猪里脊切片，加盐、少许蛋液和水淀粉上浆。

3. 热锅下油，油热后滑入里脊片，待变色略熟时加入葱末、姜末炝锅，翻炒，加料酒、生抽、少许糖、小半碗水，翻炒入味将里脊片盛出，将汤汁倒入碗中保留。

4. 另起锅油热后，倒入一大半蛋液（留一点儿蛋液），小火煎至蛋液略为凝固，加入里脊片。

5. 将剩余蛋液淋在里脊片上，沿锅边加入少许油。确保蛋皮没有粘锅，晃动转勺，将蛋皮连同里脊片翻过来。

6. 将刚才的汤汁加入锅中，小火焖一会儿，收汁即可出锅。

 营养说明

猪里脊又分外脊和里脊，处在脊背位置，脊背上面的是外脊，贯穿整个脊背，所以又称为通脊、扁担肉、硬脊，是较嫩的瘦肉；里脊位于外脊下侧，从腰子到分水骨之间的一条肉，呈长条圆形，一头稍细，是最嫩的肉，也叫腰柳肉。由于里脊分量太少，做菜时往往用外脊替代里脊。它们都是典型的瘦肉或精肉，高蛋白，低脂肪，含铁较多，营养价值很高。

# 无锡焖肉

**原料调料**

五花肉 500 克、小油菜 5 棵、姜 2 片、葱 1 段、盐适量、料酒 2 勺、油 10 克、生抽 1 勺、白糖 1 勺、花椒 20 粒、干辣椒 10 克、香叶 3 片、水淀粉适量。

**烹调方法**

1. 五花肉用水洗干净，肉的每一面都抹上盐腌制。

2. 五花肉切成厚块，与料酒、姜一起下入热水锅内焯水捞出。

3. 锅下油，加入姜、葱、干辣椒、香叶、花椒、料酒爆香，加入肉、白糖、生抽炒匀，用水淀粉勾芡。

4. 小油菜加盐焯水，盘边摆一圈，加入焖好的肉即可。

**营养说明**

这道经典的焖肉非常美味，但五花肉含大量脂肪，并不是一个值得推荐的食材，宜浅尝辄止。

# 菜心炒猪肝

 **原料调料**

菜心100克、猪肝100克、姜1片、精盐适量、料酒1勺、油10克、生抽1勺、水淀粉少许、胡椒粉适量、干淀粉适量、味精适量。

 **烹调方法**

1. 猪肝切成大片，用布（或厨房纸）擦干水分，加干淀粉抓匀。姜切末，菜心切小段。

2. 取一个碗，放入精盐、生抽、味精、胡椒粉、水淀粉调成汁。

3. 热锅下油，七成热时将猪肝下入油锅中滑透捞出（大火）。

4. 锅留底油，加姜末炝锅，放入猪肝、菜心和料酒，倒入调好的汁翻匀，起锅装盘。

 **营养说明**

猪肝富含孕产妇需要补充的叶酸、铁、蛋白质和各种维生素，尤其是铁含量丰富，吸收率高，是补铁补血的首选食材。也因此被中国营养学会《孕期妇女膳食指南（2016）》推荐。用新鲜猪肝炒菜、做汤比吃煮卤猪肝的补铁效果更好，因为后者中铁流失较多。购买猪肝时，色泽粉红的猪肝质地较嫩，若色泽太深，则猪肝较硬。

# 红煨羊肉

## 原料调料

羊排 500 克、白萝卜 50 克、胡萝卜 50 克、葱 1 段、姜 3 片、油 10 克、辣椒 10 克、花椒 10 粒、老抽 1 勺、糖适量、盐少许。

## 烹调方法

1. 羊排斩成块，清水泡 1 小时，泡出血水，去除腥膻。

2. 胡萝卜、白萝卜切成滚刀块。

3. 羊排放入汤锅中，注入冷水，大火烧开，用勺子撇去血沫，转中火煮 30 分钟。

4. 热锅下油，放入葱、姜、花椒、辣椒一起煸炒，下入煮好的羊排翻炒均匀，加入老抽、糖煸炒至上色。加入羊排的原汤，没过羊排，烧开后，转小火焖 40 分钟。加入白萝卜块、胡萝卜块和盐，再焖制 20 分钟，使萝卜软烂即可。

## 营养说明

羊肉也是"红肉"的代表性食材，瘦羊肉含铁较多，吸收率好，是饮食补铁补血的较佳选择之一。但要注意，涮火锅时，经常选用的是肥羊肉，脂肪多，蛋白质少，铁更少，不是推荐的食材，只宜少吃。

# 五彩牛肉粒

## 原料调料

牛里脊肉 50 克、杏鲍菇 20 克、青椒 20 克、红彩椒 20 克、黄彩椒 20 克、姜 2 片、料酒 1 勺、盐适量、干淀粉少许、酱油 0.5 勺、蚝油 0.5 勺、玉米油 1 勺。

## 烹调方法

1. 牛里脊肉切成边长 1 厘米的小丁，放入碗中，倒入料酒、酱油和干淀粉，抓匀，腌制 10 分钟。

2. 杏鲍菇和青椒、红彩椒、黄彩椒切成菱形片。

3. 炒锅中倒入玉米油，爆香姜片，然后放入牛肉丁翻炒 2 分钟。

4. 断生后倒入杏鲍菇翻炒，再加入红彩椒片、青椒片、黄彩椒片，调入蚝油和盐，翻炒几下即可出锅。

## 营养说明

牛里脊肉是脊骨里面的一条瘦肉，营养价值高，优质蛋白质多，脂肪少，铁、锌、B 族维生素等含量丰富，而且肉质细嫩，适于滑炒、滑熘、软炸等，是孕产妇值得推荐的食材之一。

# 牛肉三丝卷

### 原料调料

牛肉100克、银芽30克、青笋30克、胡萝卜30克、蒜2瓣、老抽1勺、水淀粉适量、黑胡椒适量、生抽1勺、盐适量、糖适量、油适量。

### 烹调方法

1. 牛肉切成大薄片。

2. 青笋、胡萝卜切成丝。黑胡椒碾碎。

3. 牛肉片上撒上少许盐，卷入银芽、青笋丝、胡萝卜丝，上锅大火蒸8分钟即可。

4. 锅中放油，用蒜爆锅，加入黑胡椒碎、生抽、水、糖、老抽、水淀粉做成芡汁。

5. 蒸好的牛肉卷换个盘子，把芡汁淋在上面即可。

### 营养说明

牛肉口感一般比较硬，切薄片，再卷上蔬菜，可以使其口感变"软"。同时也做到了荤素搭配，这是一种很值得推荐的吃法。孕期应该补充足够的蛋白质和铁，而牛肉中这两种营养物质兼有，是非常值得推荐的食材。

# 鹌鹑党参煲

**原料调料**

鹌鹑1只、党参15克、姜3片、枸杞适量、盐适量。

**烹调方法**

1. 鹌鹑洗净，党参泡20分钟。

2. 把鹌鹑和党参、姜片倒入汤煲中，大火煲开后用小火煲1小时左右。

3. 出锅前加盐调味，放入枸杞。

**营养说明**

与鸡肉相比，鹌鹑肉蛋白质更多，脂肪更少，铁含量更多，故整体营养价值更高。也正是因为含脂肪很少，鹌鹑肉较硬，口感发柴，不适合炒制，适合煲汤。

# 腰果西芹炒乳鸽

## 原料调料

乳鸽 1 只、生腰果 20 克、西芹 0.5 棵、姜 3 片、蒜 1 瓣、盐适量、鸡粉少许、料酒 2 勺、大豆油 10 克。

## 烹调方法

1. 蒜切片。锅内倒一点油，加入蒜片爆香，用小火把生腰果慢慢地不断翻炒，将腰果炒熟炒香。

2. 西芹洗净，切段。乳鸽洗净切小块，冷水下锅焯水备用。

3. 热锅下油，爆香姜片，放入乳鸽，烹入料酒，炒熟后加入西芹段，翻炒至断生后加盐和鸡粉调味。

4. 将腰果放入略微翻炒即可出锅。

## 营养说明

乳鸽是指出壳到离巢出售或留种前 1 月龄内的雏鸽。其肉厚而嫩，营养丰富，脂肪含量较低，比较适合孕中晚期替代一部分猪肉。

# 日式蒸蛋羹

## 原料调料

鸡蛋2个、虾仁3个、干贝丝5克、酱油0.5勺、味淋少许、盐适量、木鱼素适量、温水100克。

## 烹调方法

1. 鸡蛋打散，虾仁用牙签挑去虾线，洗净。

2. 干贝丝泡发好，蒸熟，备用。

3. 在打散的蛋液里加入所有调味料和温水，搅匀，用筛网过滤。

4. 在茶碗里放入2个虾仁，再把过筛好的蛋液倒入。

5. 蒸锅做水，待水开后放入蛋羹，盖好盖子蒸10~12分钟。最后放上1个虾仁和干贝丝。

## 营养说明

蒸蛋羹本来是很普通的家庭菜肴，这里只需略加改动，比如使用两种家庭厨房不常见的调料味淋和木鱼素，就会得到独特的口味。这款日式蒸蛋羹可以作为孕期或者备孕期的加餐食用，既清淡又营养。

# 虎皮鹌鹑蛋

**原料调料**

鹌鹑蛋 10 个、木耳 2 朵、黄瓜 0.5 根、姜 2 片、蒜 2 瓣、油 100 克、
番茄酱 5 克、生抽 1 勺、白糖适量。

**烹调方法**

1. 鹌鹑蛋放锅里煮熟，剥壳备用。

2. 热锅凉油，放入鹌鹑蛋炸至出现虎皮，捞出备用。

3. 黄瓜和木耳焯水备用。蒜切片。

4. 锅烧热放油，加入姜片、蒜片爆香，再加番茄酱炒香，然后倒入鹌鹑蛋、
黄瓜、木耳翻炒，加入生抽、白糖炒匀，加半碗水烩一会儿，最后大火
收汁，盛入盘里。

**营养说明**

与同样重量的鸡蛋相比，鹌鹑蛋含有的蛋白质、脂肪、钙等基本相仿，但含
维生素 A、维生素 $B_2$、铁、锌、
硒更多，含胆固醇略少，
所以是一种高营养价
值的食材。每天
50 克左右的蛋
类，是孕妇食
谱中必不可少
的一项。

# 烤芝士番茄鸭蛋盅

## 原料调料

鸭蛋1个、番茄1个、芝士1片、盐适量、黑胡椒碎适量、莳萝碎少许。

## 烹调方法

1. 番茄去皮（用刀在头部划个十字，放入开水锅里煮5秒钟，可轻松脱皮），切小丁。芝士切碎。

2. 鸭蛋铺在番茄丁上面，再撒上芝士碎。

3. 表面撒上黑胡椒碎、盐。

4. 烤箱预热至180℃，烤20分钟，最后撒上莳萝碎。

### 营养说明

芝士也称奶酪，是通过乳酸菌发酵（或用凝乳酶)使牛奶蛋白质(主要是酪蛋白）凝固，并压榨排除乳清使酪蛋白浓缩制成的奶制品，含有蛋白质、钙、维生素A、维生素D和B族维生素等。这里用到的是马苏里拉芝士,常温下质地会比较硬，弹性特别好。主要用于比萨，经过加热后它的拉丝效果很好，且奶香味很浓。用芝士做焗饭焗蛋也很好吃。将蛋类变换样式，烹制出别样的菜肴，对于改善孕期单调的饮食有莫大的好处。建议在孕期饮食过程中，无论是家人还是孕妇都要注意食材的变化，以及加工方式的变换，从而增进食欲，增加营养。

# 榄菜炒鸡丁

### 原料调料

鸡胸肉 200 克、榄菜 100 克、蒜 2 瓣、大豆油 5 克。

### 烹调方法

1. 鸡胸肉洗净，切丁。蒜切片。

2. 热锅下油，放入蒜片和鸡丁煸炒至微微发白。

3. 倒入榄菜炒匀即可。

### 营养说明

榄菜（也叫橄榄菜）是源自广东潮汕地区的一种特制腌菜，用青橄榄与芥菜叶制成，油香浓郁，色泽乌艳，口感清、鲜、爽、嫩、滑，能够消食开胃，增进食欲。

# 鸭血豆腐煲

## 原料调料

鸭血1块、北豆腐1块、胡萝卜1/3根、油菜4棵、蒜2瓣、生抽1勺、糖适量、盐适量、水淀粉少许、油少许、枸杞6颗。

## 烹调方法

1. 将北豆腐和鸭血分别切成大小相同的块。

2. 大蒜拍碎，胡萝卜切块。

3. 取一小锅，放入水烧开，倒入鸭血，煮两分钟后捞出沥干水。

4. 炒锅中加少许油烧热，先放入蒜，再倒入鸭血翻炒一下后加生抽、盐和糖拌匀。

5. 加半碗开水，放入北豆腐、胡萝卜，用勺子轻轻地把食材推匀（避免北豆腐破碎），接着把炒锅内连汤带水的所有食材转入煲中。

6. 大火烧开后转小火炖5分钟，加入油菜、枸杞煮熟，淋少许水淀粉出锅。

## 营养说明

鸭血中铁含量远超猪血，每100克鸭血和猪血铁含量分别为30.5毫克和8.7毫克，而吸收率基本相同，因此鸭血补铁补血效果更胜一筹。鸭血中蛋白质等其他营养素含量也不逊于猪血，所以鸭血是非常适合孕产妇食用的食材。

# 干巴菌煎三文鱼柳

**原料调料**

三文鱼 200 克、干巴菌 50 克、大豆油 10 克、盐适量、干辣椒 2 个、柠檬 1 个、大蒜 2 瓣、黑胡椒适量、芦笋 1 根、红心火龙果 2 片。

**烹调方法**

1. 洗净干巴菌，泡发好待用；大蒜切片。

2. 锅热后放一点油，放入大蒜片、干辣椒、干巴菌，翻炒后加少许盐调味，装盘。

3. 三文鱼切成长条，加盐、黑胡椒腌制 5 分钟，小火煎至两面呈金黄色，淋少许柠檬汁，摆放在干巴菌上面即可。

4. 芦笋去皮后焯一下水，切成两段，红心火龙果切成片，跟芦笋一起装饰在盘中。

**营养说明**

干巴菌又名松毛菌，营养丰富，风味独特，富含多种维生素、优质蛋白及其他有益于人体的成分。干巴菌里面有很多枯叶、树梗和泥沙，要一点一点地掰开，去除里面的杂质。此类菌烹调前一定要清洗干净。

# 煎三文鱼卷

 **原料调料**

三文鱼 100 克、青笋 20 克、胡萝卜 20 克、香菇 20 克、素鸡丝 20 克、玉米油 5 克、盐适量、黑胡椒粉少许、柠檬 1 个。

 **烹调方法**

1. 三文鱼冲洗去皮，切成薄片，撒适量黑胡椒粉和盐。柠檬切半后挤适量汁淋在鱼上，腌 5 分钟左右。

2. 将青笋、胡萝卜、香菇切丝，焯水备用。

3. 素鸡丝冷水泡软，焯水备用。

4. 取腌制好的三文鱼，上面放上各种丝，卷好。

5. 不粘锅内加少许玉米油，再放入三文鱼卷，用小火煎 2 分钟左右，翻面再煎 2 分钟，最后再撒些黑胡椒粉，装盘。

 **营养说明**

作为极其常见的富含脂肪（特别是 DHA）、低汞的鱼类之一，三文鱼是孕产妇以及婴幼儿十分推荐的食材。但这两类人群都不适合生吃三文鱼（刺身），以确保食品安全。

# 白灼基围虾

## 原料调料

基围虾 200 克、姜 2 片、蒜 3 瓣、海鲜酱油 20 克、盐适量、香油适量、油少许。

## 烹调方法

1. 基围虾先用淡盐水浸泡 10 分钟，再用凉水冲洗干净，用剪刀剪去长须。
2. 锅中加少许油烧热，放入姜片炸一下。
3. 倒入一碗水烧开，倒入基围虾煮熟，关火，将基围虾捞出放凉。
4. 将蒜剁碎，加适量的海鲜酱油和香油调成酱汁。
5. 把凉了的基围虾摆在盘中，蘸酱汁吃。

## 营养说明

虾是典型的高蛋白、低脂肪水产品。基围虾含蛋白质 18.2%、脂肪 1.4%，同时富含钙、钾、硒，其营养价值是水产品中的佼佼者，推荐孕妇经常食用。

# 鳗鱼豆腐

 原料调料

豆腐1块、鳗鱼0.5条、油菜2棵、蚝油1勺、酱油0.5勺、糖0.5勺、盐少许、醋适量、油少许、辣椒油适量。

 烹调方法

1. 豆腐片成2厘米厚的大厚片，用圆形模具扣好。
2. 大火上锅蒸8分钟。
3. 沸水中加少许盐和油，把油菜焯水。
4. 鳗鱼（成品）解冻切成片，用微波炉高火加热5分钟。
5. 把鳗鱼放在蒸好的豆腐上。摆盘，放上油菜。
6. 用蚝油、酱油、糖、醋、辣椒油调好汁，浇入盘中。

 营养说明

油菜是营养价值非常高的绿叶蔬菜，其钙含量尤其丰富，高达108毫克/100克，叶酸含量为46.2微克/100克，维生素C、钾、胡萝卜素和膳食纤维含量亦丰富，烹调方法也比较多样，炒、炝、扒、蒸等均可，油菜可以说是孕期推荐的绿色叶菜之首。

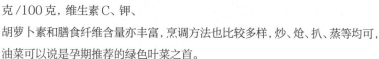

# 多宝鱼炖茄子

**原料调料**

多宝鱼1条、茄子1个、葱1根、姜1块、蒜4瓣、红彩椒1个、大豆油10克、醋0.5勺、酱油2勺、糖1勺、盐适量、料酒2勺。

**烹调方法**

1. 多宝鱼去鳞去内脏后洗净。

2. 葱切段,姜切片。

3. 茄子洗净切成长条块,红彩椒切菱形片。

4. 热锅下油,放入茄子煎炸至呈金黄色后捞出沥油。

5. 锅中留底油,烧热放入鱼,煎至两面金黄。

6. 加入葱、姜、蒜炒香,烹入料酒,加入醋、酱油、糖、盐和适量清水,大火烧开,放入炸好的茄子、红彩椒炖10分钟。

**营养说明**

多宝鱼体形扁平,肉质丰厚白嫩、细腻,骨刺少,鳍边和皮下含有丰富的胶质(胶原蛋白),口感良好,风味独特,是公认的优质鱼类。多宝鱼适合清蒸、炖汤、家焖等烹调方法。

# 青椒炒八爪鱼

 原料调料

八爪鱼1只、青椒2个、葱1段、大豆油10克、酱油1勺、料酒2勺、盐适量。

 烹调方法

1. 青椒洗净切成条；八爪鱼洗净切段，焯水。
2. 锅内倒油，葱切碎后爆锅，依次放入青椒、八爪鱼，烹入料酒、酱油、盐，大火翻炒均匀即可。

 **营养说明**

八爪鱼是章鱼，因有八只触手而得名，它不是鱼，而是软体动物，近亲有鱿鱼（乌贼鱼）、墨鱼等，长相奇特，但营养价值很高。其高蛋白（18.9%）低脂肪（0.4%），富含多种维生素和铁、锌、碘等微量元素，还含有非常独特的牛磺酸。八爪鱼的吃法很多，炒、焖、炖、煮、油炸、煲汤均可，川菜泡椒八爪鱼、淮扬菜章鱼炖口条都是非常有名的。

# 锅煎豆腐盒

## 原料调料

豆腐1块、鸡蛋1个、猪肉馅300克、葱1段、姜1块、蒜2瓣、油15克、酱油1勺、五香粉0.5勺、腐乳汁1勺、鸡精适量、香油少许、料酒1勺、老抽少许、盐适量、糖适量、干淀粉0.5勺。

## 烹调方法

1. 葱切末、姜切末、蒜切末。猪肉馅加适量清水搅匀，加葱末（一半）、姜末、酱油、五香粉、腐乳汁、鸡精、香油、干淀粉拌匀。

2. 豆腐切成厚约2厘米的片，把肉馅放到豆腐片上，盖上另一片豆腐，做成豆腐夹。

3. 平底锅倒油烧热，油要稍微多一些，下入豆腐夹煎炸至两面金黄。

4. 把剩下的葱末、蒜末、老抽、盐、鸡精、料酒、糖放到小碗里，加小半碗清水调匀，做成汁。

5. 把调好的汁浇在豆腐盒上，盖上锅盖，小火焖煮10分钟即可。

## 营养说明

豆腐本来就是高蛋白、低脂肪、富含钙的食材，与鸡蛋、肉类搭配时，因为蛋白质的互补作用，其营养价值更高。这道菜用豆腐搭配

了多种食材，不但营养价值提升，风味亦独特，是中式烹调中增加营养的经典做法，美中不足是需要煎炸，否则难以定型。肉馅中加适量干淀粉，使肉馅嫩滑且增加了黏性，煎的时候肉馅和豆腐不易分开。

# 大煮干丝

### 原料调料

豆腐干 200 克、笋 50 克、胡萝卜 30 克、火腿 20 克、姜 2 片、料酒 2 勺、盐适量、清水 500 克。

### 烹调方法

1. 豆腐干切薄片，再切成细丝。

2. 姜片、胡萝卜、笋、火腿切细丝。

3. 豆腐干丝汆水，捞出后冷水过凉，沥干，除去豆腥味，使豆腐干丝软韧色白。

4. 沸水锅中下入笋丝汆烫片刻捞出。

5. 锅内加 500 克清水、少许姜丝，旺火烧沸，加入胡萝卜丝、火腿丝、笋丝、盐、料酒，转小火烩 10 分钟。

### 营养说明

豆腐干是常见的大豆制品，与豆腐不同，豆腐干常被赋予各种味道和深浅不一的颜色。豆腐干中的钙含量超过豆腐，达到 308 毫克 /100 克，在日常食物中首屈一指，特别适合于孕产妇补钙。豆腐干可凉拌，可热炒，可油炸，可烤制，吃法甚多。

# 凉拌内酯豆腐

## 原料调料

内酯豆腐1块、葱1根、蒜2瓣、青椒1个、红彩椒1个、盐适量、鸡精少许、陈醋1勺、生抽1勺、红油0.5勺、香油少许、葱油少许。

## 烹调方法

1. 内酯豆腐放在盘中，立直刀左右分开为书状。
2. 葱切葱花，蒜捣成蓉，青椒、红彩椒切小丁。
3. 在豆腐上撒上葱花、蒜蓉、青椒丁、红彩椒丁。
4. 放入少许盐、鸡精、陈醋、生抽、红油、香油、葱油即可。

## 营养说明

内酯豆腐在加工过程中用了一种特殊的凝固剂——葡萄糖酸内酯，代替了普通豆腐所用的石膏或卤水。与石膏或卤水不同，葡萄糖酸内酯并不含钙，所以内酯豆腐的钙含量远低于普通豆腐，还不到后者的1/8，不是一种很好的补钙食品。但是，内酯豆腐同样含有蛋白质、磷脂、B族维生素等营养成分，口感细嫩，易于消化，可以作为多样化大豆制品的选择之一。

# 椰子鸡

**原料调料**

椰子 1 个、矿泉水 500 毫升、三黄鸡半只、盐少许。

**烹调方法**

1. 三黄鸡洗净，剁成小块；椰子去皮，将白色的椰肉切成薄片，椰汁留用。
2. 砂煲中加入椰汁和矿泉水，加入三黄鸡块和椰肉片。
3. 大火煮沸，转中火继续煮 8 分钟，加入少许盐即可。

**营养说明**

孕期对于肉类的摄入，除了一些畜肉是铁的丰富来源之外，禽类肉也是非常值得推荐的。禽类具有低脂肪、高蛋白的特点，特别适合孕期食用。

PART 5

孕期营养食谱推荐

NO.3

蔬菜类

# 海带炖豆腐

**原料调料**

海带 100 克、豆腐 1 块、蒜 1 瓣、花生油 10 克、鸡粉少许、盐 0.5 勺。

**烹调方法**

1. 海带浸泡 15 分钟，切成小块；豆腐也切成小块，焯一下水去除豆腥味；蒜切片。
2. 热锅下油，加入蒜片爆锅，放入豆腐和海带，加水和鸡粉，大火烧开，小火慢炖。
3. 出锅前加少许盐调味。

**营养说明**

海带、裙带菜和紫菜都含有非常多的碘，是孕产妇补碘的重要食材，尤其是对那些饮食低盐的孕妇或月子餐不加盐的产妇非常重要。当然，如果是食盐摄入量较多、口味偏重的孕妇或乳母，就另当别论了。海带、裙带菜和紫菜等海藻类不仅含有碘，还含有丰富的钙、锌、铁、钾、叶酸等，是营养价值很高的食材。

# 淡菜炒洋葱

 原料调料

淡菜 100 克、洋葱 100 克、橄榄油 10 克、盐适量、黑胡椒少许、白葡萄酒少许。

 烹调方法

1. 淡菜入锅，加入少许水煮开口后取肉（注意火候，不要煮老）。
2. 洋葱切成丝。热锅下油，加入洋葱丝炒软，加入淡菜，烹入几滴白葡萄酒，加盐和黑胡椒调味。

营养说明

淡菜为贻贝（别称海虹）的干制品，是一种双壳类软体动物，壳黑褐色，生活在海滨岩石上。贻贝还含有多种维生素及人体必需的锰、锌、硒、碘等多种微量元素。

# 油菜炒鸡腿菇

**原料调料**

油菜 100 克、鸡腿菇 100 克、葱末适量、酱油 1 勺、橄榄油 1 勺、盐适量、枸杞少许、鸡粉少许。

**烹调方法**

1. 鸡腿菇洗净焯水，油菜洗净备用。

2. 热锅下油，放入葱末炒香，加入鸡腿菇，烹少许酱油。

3. 加入一小碗清水煮一会儿，加入油菜、枸杞、盐和鸡粉即可。

**营养说明**

鸡腿菇因其形如鸡腿、口感味道似鸡肉而得名，是一种很流行的食用菌食材。鸡腿菇味似鸡肉，口感滑嫩，清香味美，适合炒、炖、煲汤等。像其他种类的食用菌一样，鸡腿菇营养价值也很高，富含铁、锌、硒等微量元素，以及蛋白质、多糖、钾和膳食纤维等。

# 核桃仁拌菠菜

### 原料调料

菠菜 100 克、核桃仁 20 克、亚麻籽油 5 克、蒜泥适量、盐适量、酱油 0.5 勺、鸡精少许。

### 烹调方法

1. 锅中放水烧开，加入菠菜焯水，捞出后切成段。
2. 热锅下油，放入蒜泥煸香，连油一起倒在菠菜上。
3. 加盐、酱油和鸡精拌匀，再加入烤好的核桃仁即可。

### 营养说明

亚麻籽油含有丰富的 $\alpha$-亚麻酸，在体内可转化为 DHA 和 EPA。DHA 是构成胎儿神经系统的成分之一，对胎儿大脑和视力发育具有重要作用，故而是孕中期和孕晚期应重点关注的营养素之一。

$\alpha$-亚麻酸的不饱和程度较高，不稳定，容易氧化，烟点也低，加热时容易发烟，所以不适合炒、煎、炸等高温烹调，特别适用于蒸煮、煲汤、凉拌等加热温度不是很高的菜肴。

# 蒜蓉西蓝花

**原料调料**

西蓝花 200 克、蒜 1 瓣、胡萝卜 50 克、木耳 4 朵、盐 3 克、鸡粉少许、水淀粉适量、花生油 10 克。

**烹调方法**

1. 西蓝花洗净，掰成小朵；木耳泡好，掰成小朵；胡萝卜切片备用；蒜切末。
2. 锅中放水，水开后放入西蓝花焯水。
3. 热锅下油，放入蒜末煸香，放入西蓝花、胡萝卜、木耳大火煸炒。
4. 放入少许的盐和鸡粉炒匀后，倒入适量的水淀粉勾芡。

**营养说明**

西蓝花、菜花、蒜薹、紫菜薹、油菜薹等花类蔬菜是蔬菜中高营养价值的佼佼者。西蓝花口味清淡、爽脆，适合清炒、蒜蓉炒、肉片炒、白灼、煲汤等吃法。在烹炒前先焯水，水里放点盐和油，西蓝花会更翠绿。蒜蓉西蓝花不需要太多的调味料，特别适合在孕期食用，口味清淡，容易接受。

# 马兰头拌香干

**原料调料**

马兰头 100 克、卤香干 50 克、盐适量、麻油适量、糖适量。

**烹调方法**

1. 马兰头洗净，焯水，变色后倒出沥干。

2. 卤香干洗净，切成条，焯水沥干。

3. 把卤香干、马兰头加麻油、盐、糖搅拌均匀即可。

**营养说明**

一般制作凉菜时会将马兰头用热水焯烫，再用凉水浸泡去除涩味，加入调料和配料（胡萝卜、黄瓜、豆腐干等）。

马兰头、卤香干都需要沥干水分，不然会影响其口感。卤香干是营养价值非常高的一类豆制品，含有丰富的优质蛋白，孕期或者备孕期间每天至少要有一餐是豆制品。

# 拌虫草魔芋丝

## 原料调料

魔芋丝 1 盒、虫草花 50 克、青椒 25 克、红彩椒 25 克、酱油 1 勺、香油少许。

## 烹调方法

1. 虫草花洗净，青椒、红彩椒切丝。
2. 魔芋丝、虫草花放入滚水中氽烫后捞起，沥干备用。
3. 魔芋丝和虫草花全部放入碗中，放入青椒丝、红彩椒丝、酱油和香油搅拌均匀即可。

## 营养说明

魔芋，也称蒟蒻，其成分主要是葡甘露聚糖（又称魔芋胶），也含蛋白质、淀粉和其他多糖。魔芋中还天然含有较多的硒。葡甘露聚糖是胃肠道无法消化吸收的膳食纤维，有抑制餐后血糖和促进排便的作用，很适合孕产妇，特别是血糖较高者。目前市面上可以买到各种形态的魔芋制品，如魔芋块、魔芋条、魔芋丝、魔芋片、魔芋球、魔芋豆腐等。魔芋的烹调方法也很多，炒、炖、凉拌、做汤均可。"虫草花"并非花，而是虫草子实体（不是冬虫夏草子实体），其养殖方式和营养价值大致与香菇、平菇等食用菌类似。

# 韭菜炒鸭血

**原料调料**

韭菜200克、鸭血1盒、姜2片、葱1段、大豆油10克、盐适量、鸡粉少许。

**烹调方法**

1. 鸭血切片，韭菜切段。

2. 锅烧开水，把鸭血放入焯一下。速度要快，时间要短，大约20秒钟就可以捞出，时间长了会硬。

3. 热锅下油，煸炒葱、姜，再放入鸭血和韭菜迅速煸炒。

4. 这时需要火大些，紧接着放盐和鸡粉，装盘。

**营养说明**

韭菜是一种营养价值很高的绿叶蔬菜，富含维生素C、胡萝卜素、叶酸、钾、膳食纤维等营养素。虽然有不少人不喜欢韭菜特有的刺激性味道，但它对胎儿并无害处，"孕妇不能吃韭菜"等说法不足为信。

# 蔬菜豆腐锅

**原料调料**

豆腐1块、蟹味菇50克、胡萝卜30克、小白菜100克、葱1段、姜2片、花生油10克、鸡精适量、盐少许、香油少许。

**烹调方法**

1. 将小白菜去掉黄叶，洗净，切成段。葱切葱花，姜切末。
2. 将豆腐切成2厘米见方的块，放入开水中汆透捞出。胡萝卜切片，焯水。
3. 热锅下油，放入葱花、姜末煸香。
4. 加入豆腐和水烧开，撇去浮沫，再放入蟹味菇、胡萝卜，最后放入小白菜。
5. 慢炖4~5分钟，加盐、鸡精调味，淋上香油，起锅装碗即可。

注意：下菜的顺序为质地软烂的最后下。

**营养说明**

蟹味菇是食用菌，因具有独特的蟹香味而得名。其味比平菇鲜，肉比滑菇厚，质比香菇韧，是一种口感极佳的食材，可清炒、凉拌、涮火锅、煲汤等。当然，其营养价值与香菇、平菇等相差不大，都是值得推荐的。

# 秋葵炒蛋

### 原料调料

秋葵 100 克、鸡蛋 1 个、牛奶 20 克、蒜 1 瓣、盐适量、玉米油 1 勺。

### 烹调方法

1. 秋葵洗净焯水，控干后切成片。蒜切成片。
2. 鸡蛋加盐、牛奶打散。
3. 热锅下油，用蒜片爆锅，下入鸡蛋液炒散，加入秋葵、盐翻炒均匀即可。

### 营养说明

秋葵曾经一度被神化，传言能治糖尿病等，但就营养而论，它只是一种很普通的蔬菜，其营养价值也不是最突出的。秋葵维生素 C 含量很低（4 毫克 /100 克），胡萝卜素含量中等（310 微克 /100 克），钾含量稍高（95 毫克 /100 克），膳食纤维含量较高（3.9 克 /100 克）。但是秋葵的口感让很多人喜欢，孕妇可以将其与鸡蛋一起炒食，非常可口。

# 雪菜炒双冬

## 原料调料

雪菜100克、冬笋100克、冬菇50克、胡萝卜1/4根、葱1段、蒜2瓣、油适量、温水适量、盐适量、生抽1勺、水淀粉适量、香油少许。

## 烹调方法

1. 冬菇用温水泡发，切半，挤干水。
2. 冬笋（去掉底部硬根）切片，葱切片，胡萝卜切片，雪菜洗净。
3. 冬菇和冬笋焯水备用。
4. 热锅下油，用葱、蒜爆锅，放入冬笋、冬菇煸炒，放入盐、少量水、生抽翻炒均匀，加入胡萝卜片焖煮至汤汁开始黏稠，加入雪菜。
5. 出锅前淋入水淀粉勾芡，滴入香油。

## 营养说明

雪菜，又叫雪里蕻，属十字花科，营养价值较高。雪菜可以鲜食，但大多要经过腌制。新鲜雪菜是翠绿色的，口感略涩微辣，常用来炒肉末；经盐腌渍的雪菜质脆味鲜，口感爽脆，略带酸味。腌制的雪菜不宜多吃，只能用来调味。

冬笋是立秋前后由毛竹的地下茎侧芽发育而成的笋芽，因尚未出土，笋质幼嫩可食。冬笋营养价值不错，尤其富含膳食纤维，有通便效果，适合孕产妇食用。不过冬笋含很多草酸，应焯水后再食用。

# 蓝莓酱拌藕节

**原料调料**

藕节 100 克、蓝莓酱 2 勺。

**烹调方法**

1. 藕节（袋装的）洗净，焯水控干。
2. 藕节放入盘中，上面放入蓝莓酱拌匀。

**营养说明**

蓝莓酱保留了一定量的花青素，但大多数添加了很多糖，所以只能作为调味品少吃一点，不可像鲜果一样吃很多。孕期如果食用果酱之类的产品，要注意产品中糖含量尽可能要少，最好选择不额外添加糖的果酱。

# 凉拌冰草

**原料调料**

冰草 300 克、意大利黑醋 3 勺、芝麻油 2 勺、酱油少量。

**烹调方法**

1. 冰草用冷水洗净后，再用沸水焯一下。
2. 捞出后放入冰水中浸泡一会儿，捞出控干水分，加入芝麻油、意大利黑醋、酱油搅拌均匀即可。

**营养说明**

这款凉菜适合妊娠反应比较严重的孕妇，凉拌过程中加入了一些意大利黑醋，既可以促进食欲，又可以缓解呕吐。另外，冰草也是一款营养价值颇高的绿叶蔬菜。

PART 5

孕期营养食谱推荐

NO.4

其他类

# 俄式罗宋汤

 **原料调料**

牛腩100克（牛肉）、西红柿1个、土豆0.5个、圆白菜0.5棵、油10克、番茄沙司1勺、盐适量、白胡椒粉少许、香叶2片。

 **烹调方法**

1. 把牛腩洗净，切小厚片；西红柿去皮，切成小块；土豆去皮，切小块；圆白菜洗净，切小块。

2. 将切好的牛腩放入凉水锅中，大火烧开，煮2分钟左右，待牛腩中的血污全部煮出后，捞出冲净浮沫备用。

3. 炒锅中倒入少许油烧热，放入西红柿块，再倒入番茄沙司，中火炒片刻后倒入一碗水，大火煮开后继续煮5分钟，然后全部倒入汤锅中。

4. 在汤锅中倒入已经焯好的牛腩、土豆块，加入可以没过牛腩的水，调入盐、白胡椒粉、香叶。

5. 大火烧开后，转小火盖盖煮1小时。

6. 待牛腩和西红柿煮了1小时之后，加入圆白菜，再继续煮5分钟左右。

 **营养说明**

罗宋汤是发源于乌克兰的一种浓菜汤。成汤以后冷热兼可享用，在东欧或中欧很受欢迎。在这些地区，罗宋汤大多以甜菜为主料，常加入土豆、红萝卜、菠菜和牛肉块、奶油等熬煮，因此呈紫红色。有些地方以番茄为主料，以甜菜为辅料。也有不加甜菜加番茄酱的橙色罗宋汤和绿色罗宋汤。在孕早期时很容易发生食欲不振等妊娠反应，适当地调整饮食，改善食谱，做一些新的尝试，可以有效缓解妊娠给孕妇带来的各种不适。

# 松茸乳鸽汤

## 原料调料

松茸 100 克、乳鸽 1 只、大葱 1 段、姜 1 块、枸杞 6 颗、盐适量、温水适量、热水适量。

## 烹调方法

1. 松茸洗掉浮尘后，用温水泡软泡发，将尾部硬蒂剪掉。姜切片。

2. 锅入冷水，放入洗净的乳鸽，烧开。撇去煮出的血沫，捞出乳鸽。

3. 砂煲中加入热水，放入乳鸽，适当加一些泡松茸的水。

4. 放入姜片和葱段，大火烧开，转小火煲制半小时。

5. 加入松茸，继续煲制半小时左右，加入枸杞和盐拌匀即可。

## 营养说明

松茸是一种珍稀名贵的天然食用菌类，被誉为"菌中之王"。松茸的主要营养成分为多糖类、多肽类、氨基酸类、菌蛋白类、矿物质类、微量元素类及醇类。松茸

很香，不必加入太多，否则会压住乳鸽的香味。泡松茸的水不要浪费，煲汤、煮面、烧菜时加入一些会增加香气。孕期增加菌类食物的摄入量有利于补充矿物质。孕妇应时常注意自己的餐桌上有没有菌类食物。

# 山药杜仲腰片汤

 **原料调料**

山药 50 克、杜仲 10 克、猪腰 100 克、葱 1 段、姜 2 片、盐适量。

 **烹调方法**

1. 猪腰洗净，剔除筋膜后切成腰花，用开水汆烫后洗去浮沫；山药切成滚刀块。

2. 杜仲洗净，放入砂锅中，加入适量清水后用大火煮开，转小火煮成一碗浓汁后熄火。

3. 砂锅置火上，倒入适量清水，加葱段、姜片、腰花、山药与杜仲浓汁同煮 10 分钟，最后加盐调味即可。

 **营养说明**

山药块茎中含有 16% 左右的淀粉以及维生素 C，可以归为薯类，适合做成各种主食或煲汤，也可以炒菜或炖菜。但与普通薯类不同，山药的营养成分更复杂，含有皂苷、黏蛋白、黏多糖等，其中黏蛋白和黏多糖最为宝贵，它们能溶解在水中，因此煮山药不要丢弃汤汁。

# 落花生鲜奶

**原料调料**

鲜奶 200 克、花生米（生的）20 克。

**烹调方法**

1. 花生米加水浸泡，入锅煮去皮。
2. 将煮好的花生米和鲜奶用榨汁机搅拌均匀即可。

**营养说明**

花生、核桃、开心果、杏仁、巴旦木等坚果类，是孕产妇非常值得推荐的食材，它们的共同特点是高蛋白、高脂肪、高营养。不过，孕期体重增长太快的孕妇要少吃，或者用它们来取代烹调油。

# 鲜奶草莓西米露

 **原料调料**

鲜奶 300 毫升、西米 20 克、白砂糖适量、草莓 2 个。

 **烹调方法**

1. 西米用清水浸泡 5~10 分钟，至其明显泡涨。

2. 一锅水烧至沸腾，放入西米和白砂糖直至西米煮到没有小白点，呈透明状。

3. 加入鲜奶。草莓 1 个切半，1 个切块，放入鲜奶西米露中。

 **营养说明**

煮西米的时候一定要有耐心，小火慢慢煮，煮到没有小白点，呈透明状即可关火，用余温闷熟。鲜奶的加入既可以改善西米露的口味，又可以增加奶类的摄入，非常值得推荐。孕期和备孕期都要注意奶类的摄入，尤其是孕中晚期，摄入的奶量最好能够达到每天 500 毫升。

其他类 NO.4

# 香蕉小红枣牛奶

**原料调料**

香蕉 0.5 根、小红枣 3 个、牛奶 300 毫升。

**烹调方法**

1. 将香蕉去皮后切成 3 厘米左右的小段，小红枣去核。
2. 香蕉、小红枣放入搅拌机里，倒入牛奶，开动搅拌机约 1 分钟。
3. 如果喜欢甜的，可以加一点儿蜂蜜。
4. 也可在碗中放入适量香蕉片和红枣片。

**营养说明**

有很多人喝不惯牛奶，不喜欢其味道，但奶类对孕产妇而言又几乎是不可缺少的食物。奶类中加入水果调味当零食，是改变其味道、增加奶类摄入量的好办法。

# 奶油蘑菇浓汤

## 原料调料

口蘑 5 个、鲜奶油 100 克、面粉 50 克、牛奶 350 克、橄榄油 10 克、盐适量、鸡粉适量、黄油 5 克。

## 烹调方法

1. 用少许橄榄油炒制面粉，然后取出，如果面粉有颗粒，可用擀面杖压一下，加入适量清水调成面糊。

2. 口蘑切成薄片。在锅中加入黄油、牛奶同煮，一定要小火，然后加入口蘑片、面糊，小火煮开，加入鲜奶油即可。

3. 最后将所有食材放入搅拌机打匀过滤，再倒回锅中，加适量盐和鸡粉调味。

## 营养说明

黄油是西餐中常见的油脂食品，也是制作糕点、饼干、面包等食品的原料，主要从鲜奶中提炼。黄油含有维生素 A、维生素 D 和少量矿物质，有一定的营养价值，但同时含有大量饱和脂肪酸，只宜少吃。